U0827227

BLACK SWAN 黑天鹅图书

为 人 生 提 供 领 跑 世 界 的 力 量

BLACK SWAN

孤独的反义词

THE OPPOSITE OF LONELINESS

〔美〕玛丽娜·基根◎著
—— Marina Keegan ——
吴果锦◎译

中国华侨出版社

图书在版编目（CIP）数据

孤独的反义词 /（美）基根著；吴果锦译. —北京：中国华侨出版社，2014.12

ISBN 978-7-5113-5060-2

Ⅰ.①孤… Ⅱ.①基… ②吴… Ⅲ.①人生哲学－青年读物 Ⅳ.①B821-49

中国版本图书馆CIP数据核字（2014）第288506号

版权登记号：01-2014-8115

孤独的反义词

著　　者：（美）玛丽娜·基根
译　　者：吴果锦
出 版 人：方　鸣
责任编辑：紫　夜
封面设计：刘红刚
经　　销：新华书店
开　　本：880mm×1230mm　1/32　印张：8　字数：150千字
印　　刷：北京鹏润伟业印刷有限公司
版　　次：2015年1月第1版　2015年1月第1次印刷
书　　号：ISBN 978-7-5113-5060-2
定　　价：32.00元

中国华侨出版社　北京市朝阳区静安里26号通成达大厦3层　邮编：100028
法律顾问：陈鹰律师事务所
发 行 部：（010）82068999　传真：（010）82069000
网　　址：www.oveaschin.com
E-mail：oveaschin@sina.com

献 辞

“我会为爱而活，其他的就顺其自然吧。”这句话是我们在玛丽娜的毕业典礼上，亦即最后一次看到她时她说的话。《孤独的反义词》是一本献给爱的书。我们希望这些爱的字句能给读者带来鼓舞，鼓舞大家心存大志，为世界增光添彩。

——特蕾茜·基根，凯文·基根

导读

这部获奖随笔和小说集是22岁的耶鲁天才大学生玛丽娜·基根的遗稿，她才华横溢，其文章感人至深。她的经典随笔创造了2012年的社交媒体轰动效应，令她成了一代人的偶像。

2012年5月，玛丽娜毕业于耶鲁大学马格纳学院，前途无量。她在布鲁克林有一套公寓，一部剧本即将在纽约艺穗节上演，并在《纽约客》（*The New Yorker*）杂志社获得了令人羡慕的编辑职位。毕业没几天时间，玛丽娜和男朋友去庆祝父亲的生日。悲剧在此刻发生：汽车撞在护栏上，翻滚了两次，玛丽娜当场死亡。

她大部分同学毕业后已经回家，但还是有许多人返回纽黑文，深深地哀悼她，为她举行追悼会。他们聚会纪念玛丽娜，全世界也一样。她的悲剧性死亡变成了国际新闻。她留在《耶鲁日报》（*The Yale Daily News*）的最后专栏文章《孤独的反义词》一夜走红，全球点击量高达200万人次。

同学追悼她，永远记得她是可靠的朋友、活动家、女演员，尤其是多产作家。玛丽娜留下了丰富、广泛的文学财富，包括随笔和小说，捕获了一代人的希望、不确定性和永不凋谢的可能性。《孤独的反义词》一书汇集了玛丽娜的获奖随笔和短篇小说，激励我们对更广泛交流的渴望。本书揭示了我们如何驾驭自己的天赋，改变周围人的生活。

获奖作家：年轻作家玛丽娜·基根才华横溢，格外多产。她的声音跨越了自己的时代。她是《耶鲁日报》的特约撰稿人，为《纽约时报》写随笔，创作精彩的短篇小说、剧本和文章。她获得许多重要奖项，包括诺曼·梅勒学院写作竞赛和华莱士小说奖。她去世后，短篇小说《寒冷的田园牧歌》发表在《纽约客》上，进入芝加哥大学年度短篇小说赛前五名。

社交媒体的情形：夺走玛丽娜·基根生命的车祸发生后不久，她留在《耶鲁日报》的最后专栏文章《孤独的反义词》飞速走红，点击量高达200万人次。那一周，电视名流狄安娜·索耶提名玛丽娜为“本周焦点人物”。玛丽娜的父母连续公布了全世界各地读者寄来的数百封电邮和信件，玛丽娜的文字深深地打动了他们。这批忠实观众将会看到玛丽娜的作品以书本形式出现。

超常的智慧：《孤独的反义词》像《最后一课》一样，极其迅速地捕获了人们能从个体经历中得到的智慧。本书收录的短篇小说和随笔充分体现了玛丽娜海涵地负的天才。《孤独的反义词》刷新了《笨伯联盟》《布利斯·潘考克的故事》《西尔维娅·普拉斯诗选》的传统，是英年早逝的作者最后一个作品，令人震撼不已。

一代人的希望之音：玛丽娜·基根难以置信的胜利之音和广阔的视野为更加唯我的观念提供了解毒剂。基根极力推崇和谈论千禧一代，正如《孤独的反义词》所说："我们还不到束手无策的时候。我们可以转变观念，可以从头再来……我们还很年轻。我们不能也不可以丢掉希望，因为说到底，希望是我们唯一拥有的东西。"

小　说

散　文

你想早点离开这里吗？

不，我还没有爱够这里的一切……

我哭，

因为一切都是那么美，

却又那么短暂。

——摘自诗歌《往事》，作者玛丽娜·基根

孤独的反义词

The Opposite of Loneliness

“孤独”没有反义词。如果有这样一个词的话，我想说，它就是我人生中最想要的东西；我在耶鲁所体会到的并为之欣慰、感激的，就是这种感觉；毕业典礼过后，明天早上离开这里时我害怕失去的，也是这种感觉。

这个词的意思，用“爱”来表达不够准确，用“相聚”来解释也稍有欠缺。它是身边有一伙人、有人陪伴的感觉。账已经结了，可谁都不愿散席而去；已是凌晨4点，可没人打算睡觉；那一晚，我们一起随着吉他弹唱；那一晚，我们已想不起做了什么。我们经历过、走过、看过、笑过、感受过……还有，毕业典礼上漫天飞舞的帽子。

耶鲁有很多小圈子：合唱团、体育队、舍友、联谊会、俱乐部……即使在没人陪、累得慌、睡不着的孤独夜晚，拖着步子回到家里趴在电脑前，这些小圈子也能让我们感受到爱，感受到安全和有所归属。可明年，这些小圈子再也不会有了。我们将再也不会跟朋友们住在同一个宿舍区，再也不会有群聊的机会。

我害怕。跟找不到称心如意的工作、城市、伴侣相比，我更怕失去这张网，害怕失去现在这种感觉。这种感觉很难说清，无法描述，反正就是“孤独的反义词”。

但有一件事大家要牢牢记住：我们人生中最美好的时光并未过去。它是我们人生中的一部分，随着我们慢慢长大，会在以后的人生中不断重复。不论大家以后是去了纽约还是离开了纽约，是后悔去了纽约还是后悔离开了纽约，都是如此。我想过了30岁还能开party，我想在变成老太婆以后还能尽情玩乐。不要一提起“美好的时光”，就开口说“早知道……”“如果我……”“真希望……”。

是的，我们是有遗憾。比如有很多书没有读，再比如错过了某个心仪的帅哥……对自己太苛刻了，收获的只能是一个个失望。现在的我们，熬夜太多，得了拖延症，喜欢投机取巧……我曾不止一次回首高中时的自己，当时我是怎么做的？当时我怎么能那么刻苦？这种不安一直阴魂不散，挥之不去。

其实，大家都是一样的。谁都不喜欢一大早起床去上课，没人愿意读完所有的阅读书目（除了那些追逐奖学金的疯狂学霸）。我们都用高不可攀的标准来要求自己，却在随后的日子里永远无法成为理想中的那个自己。可我觉得这没什么大不了的。

因为我们还年轻，真的很年轻。我们刚满22岁，还有大把的时间。我曾不止一次有这样的感觉——或是在外狂欢回来，一个人躺着；或是在临考前放弃了复习，收拾书本走出教室——我的心里总会涌起一个念头：太迟了，已经来不及了。别人已经超过你了，他们才更成功、更牛掰，他们能拯救地球、能发明创造、能改变世界；现在再开始已经太晚了，还是听天由命，等着毕业吧。

刚来耶鲁的时候，我们都觉得自己拥有无限可能，那是一种难以言说而又无比强大的感觉；而随着毕业临近，这种感觉已经渐渐消失了。在此之前，我们从不需要有所取舍；而眨眼之间，就得必须做出抉择了。有些同学一直专心致志，他们早就找到了自己的目标并且已经上路：或是备考医学院，或是在著名的非政府组织里工作，或是潜心搞研究……对你们，我要表示祝贺；还有，你们太可恨了。

而对大多数同学来说，大家似乎都在文科生的世界里迷失了，不知道该何去何从。要是我当初选了生物专业……要是我大一时选修了新闻专业……要是我学了这个学了那个……

大家要记住：我们还不到束手无策的时候。我们可以转变观念，可以从头再来，可以进一步深造，可以开始写作……“为时已晚”的念头很可笑、很荒唐。我们刚刚大学毕业，我们还很年轻。我们不能也不可以丢掉希望，因为说到底，“希望”是我们唯一拥有的东西。

大一那年冬季的某个星期五晚上，我接到朋友们的电话，他们让我到Est Est Est去找他们，我听错了，以为他们说的是SSS，就迷迷糊糊地朝远处的SSS走去。[1]可是，直到我来到SSS门前，才对朋友们怎么会在耶鲁的行政大楼里开party心生怀疑。他们当然不在SSS。外面很冷，而我的ID卡竟然能刷开SSS的楼门，于是我就走了进去，拿出手机准备给朋友们打电话。周围一片静谧，只听到古旧的木地板发出的嘎吱声，透过彩色的玻璃窗，隐约能够看见外面漫天的白雪。在这空旷的大厅里，在这数千耶鲁学生曾经坐过的地方，我坐了下来，抬头看着。在纽黑文市[2]的雪夜里，我一个人待着，却感觉到一种难以置信的安宁。

“孤独”没有反义词，如果有的话，那它就是我在耶鲁四年的全部感受，也是我此时此刻的心情。就在这里，跟大家在一起，有爱，有感动，有谦卑，有恐惧。不要忘记这种感觉。

2012年，我们在一起。让我们为这个世界增光添彩吧。

[1] Est Est Est是当地一家比萨店，SSS指的是Sheffield-Sterling-Strathcona Hall，即耶鲁的谢菲尔德-斯特林-斯特拉斯科纳大厅，里面是院长办公室和一个大报告厅。因Est和S发音接近，所以作者在电话里听错了。——译者注

[2] 纽黑文市，耶鲁大学所在地。——译者注

小说

The Opposite of Loneliness

此夜此地，皆是果，
以往种种，皆是因。

——摘自诗歌《往事》，作者玛丽娜·基根

寒冷的田园牧歌

我们俩的关系处在这样一个阶段：我们没有长时间地深情对视，因为害怕那样会显得太过投入，我们说话时用的是“我想你”“我喜欢你”这样的婉语；每次鼻子挨近了都会不约而同地微笑起来。每周我会有两三天在他那边过夜，还曾跟他到柏林顿[1]与他的父母吃了一顿尴尬的早午餐。不过大多数时间，我们还是浪漫地度过：一起做寿司，一起逛街，故意拖很久才回对方的短信……我也曾犹豫过：是把我们的关系再进一步，还是干脆退出来（既然双方都不能百分之百地投入感情），恢复到单身的状态，干点别的，比如恶补几本必读的书，或是给妈妈打电话叙叙家常。可问题是，我喜欢被人喜欢的感觉，更何况很多朋友都

[1] 美国佛蒙特州的一个城市。——译者注

毕业了，去了别的城市，我身边的人越来越少。我曾考虑过结束这段感情，但舍友夏洛特反对我的打算。布莱恩长得很帅，跟我一样喜欢吸烟；跟他在一起时，每天早上醒来我都会绽开笑容，因为他让我感到很安心。

3月，他死了。我正在用微波炉加热泰式速食汤，这时他一个好哥们儿给我打电话，问我知不知道他在哪家医院。

“谁？”我问道。

“布莱恩，”他说道，“你还不知道？”

大三下学期我曾参加过一个讨论会，会上讲解了约翰·济慈[1]的名诗《希腊古瓮颂》。诗里说到了树下的两个恋人几乎就要吻在一起时却永久定格在这一刻的情形。教授说，其悲剧气氛正在于这种永恒的静态——她永不会老，他们永远都吻不到一起。可我却觉得那情形分外浪漫。我心中的完美恋情，就是这种永没有结果的状态；讽刺的是，布莱恩死了，我的完美恋情也如愿以偿了。

我看着微波炉里的汤碗嗡嗡地转动着，却忘了把它端出来。等别人来端吧。或许是夏洛特，或许是某个朋友，他们像大人似的带着食物结伴而来：一是表示慰问；二是打探我跟布莱恩的关

[1] 约翰·济慈（John Keats，1795—1821），著名英国诗人，浪漫派的主要代表。代表作有《夜莺颂》《希腊古瓮颂》《仿斯宾塞》《伊莎贝拉》等。——译者注

系。我同样在试探我们的关系。去年圣诞时我回奥斯丁[1]过节，那时跟一个名叫奥托的小伙子好上了；但我跟布莱恩从未停止暧昧。我们是腻在一块儿，却没有确定关系。

“你们俩到底是怎么回事？”别人会趁着他去拿东西喝的空当儿大声盖过音乐这样问我。而我则会解释说没怎么回事。

“就是在一块儿玩嘛，”我总是笑着说，“我们喜欢在一块儿玩。”

我觉得我们俩对这种暧昧关系倒是挺骄傲的，好像它所带来的苦难都不值一提。当然，私底下，我们俩都蓄意做出漫不经心的样子，蓄意保持着时断时续的接触，都等着酒后半醉的时候才说出：“唉，”接着停顿片刻，再继续说，“我喜欢你。”

“你还好吗？”朋友们纷纷这样问我。他们悄声细语的，好像我一碰就碎一样。布莱恩去世的那个晚上，我们聚在一起喝酒。一个朋友打开音响，音乐随之响起，他又立刻把它关上了。我也希望自己现在是又悲又惊，口不能言；却发现事与愿违，我竟然能头脑清楚、口齿伶俐地回答他们的问话。

“他俩不是恋人。”我听见萨拉悄声对山姆如此说道。我淡淡一笑，表示对她的话并不在意。

可是很快我就意识到，我低估了对布莱恩的喜欢程度。也许不是全都因为他，而是心里有一个人那种感觉——有个人

[1] 美国得克萨斯州首府。——译者注

可以随时交流近况，可以聊聊趣事，可以在冷冰冰的地下室里跳舞时想起，在音乐结束时忘记……我对得不到的东西总是心怀迷恋，而布莱恩的死就是最直白、最可怕的例子。活着的时候，他最大的缺点恐怕就是喜欢上了我；死了，他就完美无缺了。

可这么说有失公允。我分明感觉到胸口有了一个奇怪的空洞：这个人，我前一晚上还吻过他的眼睛、亲过他的脖子，可他说没就没了。还有就是，我无法接受他已经不在的现实，当天晚上，朋友们走后，我把头深深地埋进枕头里，哭了很久。

第一次见到劳伦·克利弗的时候，她正在一个地下室里弹着尤克里里琴[1]唱歌。我记得，当时地下室里的照明靠着一圈红色的塑料辣椒形状的灯泡。我还记得，在那二十分钟里，我跟朋友们在角落里喝着啤酒，其间我说了她两件事：第一，我喜欢她的衣服（下身是花卉图案的紧身短裤，上身是一件帆布夹克）；第二，她比我瘦（这一点降低了我对她的好感）。她鼻子挺大，长得却很漂亮。我曾在校园里见过她，她有时是在皮尔街上骑自行车，有时是在图书馆外面吸烟。她身上兼具恬静和喧闹的特质，在时髦的小女孩眼里，她有些吓人，而在自信的大男生眼里，她又透着神秘。我们俩各有各的圈子，所以我几乎不会考虑她的事。直到我吻了布莱恩的那天早上，我才又想起了她，因为她跟

[1] 一种夏威夷的四弦拨弦乐器，发明于葡萄牙，盛行于夏威夷，归属在吉他乐器一族。——译者注

布莱恩曾热恋过两年零九个月，关系亲密无间。

此前我从未碰到所谓的“前女友”问题，我不喜欢这种纷乱的关系。亚当和我都是彼此的初恋，我们俩分手后，我只难过了一个月的时间。我的一个优点是有自知之明（近乎神经质），我也知道，我的自负大多根源于佛蒙特大学那些自命不凡的男生的关注。我有办法吸引他们的注意力：我言语诙谐，擅长短信交流。我会打扮（或是学着打扮），还经常取笑男生，但他们总以为我的意思是“我喜欢你”。也许这个问题没什么大不了的，但我曾感伤地幻想过：如果我对男生没什么吸引力，也许就能在学业上取得更好的成果，如完成几幅满意的画作，或申请到某某奖学金等。我跟劳伦·克利弗不是朋友，因为她也具有上面这些特点。除此之外，我们俩还有一个共同点，那就是布莱恩。

布莱恩的父母在他出事后的第二天早上就赶来了。他的室友给几个人发了电子邮件通知，认为他们也许想到他家里坐坐。我想去，我觉得应该去，所以就穿了一条黑色牛仔裤、一件黑色套头衫，还向夏洛特借她那双黑皮靴。

“尺码不合适，”她说道，“再说了，你不用穿黑鞋。”

我也不知道到底该不该穿黑鞋。从我的住处到布莱恩家只有七分钟的路程，我穿着红色的芭蕾平底鞋走在路上，对此心怀愧疚。我觉得我不该满脑子都是鞋的事，我觉得自己不像是一个正常人。其实，这种感觉以前曾在很多场合出现过很多次了，就像是，我应该表现出某种感受，却没有。爸爸曾在饭桌上笑话我是“冷血克莱尔”。我有三个姐姐，都很漂亮，跟她们相比，我木讷很多，也很少笑。我记得小时候很怕拆礼物，因为我觉得那种装腔作势的惊喜和感激之情太累。我的姐姐们总是拿一件事取笑我：我上五年级时，奶奶送给我一件礼物，我打开之后，面无表情地说：“我已经有一个了。”

3月的天，不该这么冷，所以我快步走着。街边堆着褐色的积雪，路旁的松树倾下身来，就像灰色的墙壁，树枝上还挂着黄色的圣诞节小灯泡。我走过一个停车标志，每次到布莱恩那边过夜，我总会在走过这个标志时给他打电话，这样我到的时候他也正好能在门口等着我。“我到了。”在电话里我会这样对他说。这里距离他家还有一个街区，他接到电话后就会慢悠悠地走到门口给我开门。而今天，没有人在门口等着我，于是我敲了敲门。

开门的是威廉。他是布莱恩的舍友，是洛杉矶的一个“富二代”。我跟他不是朋友，只是偶尔会在布莱恩家里遇到。我们都有些尴尬，拥抱了一下，然后他问我这两天过得怎样。

“还好。”我木然地答道，但他知道我说的是假话。

走上二楼，我立刻感觉到，我不该来的。这个聚会的范围比我想象的要小得多，只有布莱恩的父母，另外两个我不认识的成年人，还有他的五六个好友。他们聚在一个角落里，旁边桌子上是一盘百吉饼，还有一盘水果，但没有人碰。布莱恩的妈妈正趴在一个女人肩上啜泣着。我突然觉得好像得了幽闭恐惧症，被这狭小的房间压得喘不过气来，似乎整个世界都变得惨淡而凄凉，脑子里像有一团乱麻。布莱恩的样子这时浮现在我的脑中。每当一天结束，我感到无聊，不知道干什么的时候，我就会想起他。他卧室的门开着，我向里面望去，他的床还没整理。

“克莱尔，”布莱恩的爸爸说道，“你能来真是太好了。”他的声音里透着诚恳。

我们曾一起吃过早午餐，可那整件事有些尴尬。那天上午11点，他的父母突然造访，而我和布莱恩还在睡懒觉，他们进门的时候，我正躺在他的床上，一丝不挂。我迅速套上衣服、穿上高跟鞋，糊里糊涂地跟他们一起去米拉贝利餐厅吃鸡蛋。后来我跟布莱恩回想起这件事，还觉得很好笑。

“很庆幸，你不是跟我搞一夜情。”他咬着我的耳朵说道。

“还庆幸呢！”我捶了他一拳。

布莱恩的爸爸指了指桌上的食物，我说我不饿，然后向他的朋友们走过去。我能看出来，至少有一个人——苏珊娜——不希望我过来。你跟他又不熟，我敢说她就是这么想的，我们又不认识你。

显然，他们在星期二晚上就去过医院了。现在，他们正沙哑着声音交流着：他们是何时知道的、怎么知道的，何时开始等待消息、怎么等待消息的，布莱恩的动脉瘤是何时爆裂、怎么爆裂的……我很想问问事情的来龙去脉，却无法融到他们的交谈里。

我只是看着布莱恩的卧室，一床被子堆在没有床单的床上，光线从窗户里泻进来，落在被子的褶皱里。这是我曾见过的最悲伤的情景。

劳伦·克利弗从楼上下来了，大家纷纷转过身来。她脸颊红肿，呼吸都不连贯了。她刚才一定是到楼上调整情绪去了吧，去稳定下心情，不再哭泣。她旁边还陪着一个稍大点的男生，我以前在照片上见过，他是布莱恩的哥哥。他正搂着劳伦的肩膀，低声对她耳语着什么。我又开始胡思乱想，想象她曾跟布莱恩的家人一起晚餐、一起旅行，还跟他的祖父母见过面；她一定去过他家，穿着家居服跟他的家人一起看电影；她也一定跟他哥哥、他妈妈相处过；她一定逗过他们家的宠物狗；她一定见过他的叔叔，见过他的高中好友……

劳伦走下楼梯，她很瘦，很漂亮，我突然意识到，我的女朋友身份还不算名正言顺。我无法解释是怎么回事，也不知道为什么，但这种感觉深深扎进我的心底，激起一股怒火，却伴随着一种熟悉的自我厌弃。布莱恩是我的，我想哭。上周五他还亲过我的鼻子，而他最后一次吻劳伦是在去年6月，我知道他们俩分手后就再没说过话。这一刻我又想象着，若是死了的是劳伦，布莱恩会是什么反应——他会不会粉饰两人的关系，为错过了复合的机会而感到惋惜？可她似乎并未有什么做作的反应，她仅仅是爱他罢了；或者，曾经爱过他。

我当然知道一些内情，知道他们俩分手是双方的原因，是早有苗头。布莱恩和劳伦合不来，他们是慢慢地、不可避免地结束的。可我还知道，就在几天前，我也跟夏洛特彻夜讨论过是否该与布莱恩分手的事。可几天前我心里想着布莱恩，和现在想着的不一样。但这些事都无关紧要了。现在，劳伦很痛苦，情绪激动；而我脸上连一滴泪都没有。我觉得自己跟周围的气氛格格不入，过于冷淡。我觉得我跟布莱恩的关系是硬生生地搁浅了。

不知道什么原因，直到这时我才想起最后一次见到布莱恩的情景。那是上周二早上，我离开他的房间去上课。我忘了拿笔记本电脑的电源线，于是就回来按响门铃，又和衣爬到床上躺了几分钟，然后才起身离开。我努力回想着他跟我说的最后一两句话是什么，可怎么都想不起来。

临近中午，佛蒙特大学的校长也过来了（我们此前都没见过他），他表达了他的慰问之情，还说几天后要在校园里为布莱恩组织一次守夜活动。这次哀悼聚会随之结束了，可谁都不愿第一个离开。最后，苏珊娜开口说她要去排练，就亲吻了布莱恩的父母，走进门外的雪天里。其他人也陆续离开。我穿上短大衣，准备离开。这时，布莱恩的妈妈走上前来，一只手搭在我的肩上。

“克莱尔，”她的眼里噙着泪水，对我说道，“谢谢你。”我点了点头，张了张嘴，却什么都没说出口。“布莱恩跟我说了很多关于你的事，你知道吗？每次我给他打电话，他都会说起你。”

我不知道该如何回答。

“他很了不起。”我开口说道，却发现这句话简直愚蠢透顶。我没想到会说出这句话，而跟她说话令我非常难受。我转过头，双手捂在脸上，因为我已经哭出来了。她又把手搭在了我的肩上，安慰着我。我却在想，若是布莱恩看到这一幕，他会作何感想。

“詹姆斯[1]和我希望你能在守夜时说点什么，”她说道，“威廉和亚当也会发言，要是你可以的话，那就太好了。”

“当然。”我点了点头，想都没想就答应了。

“太好了，”她说道，“我想他一定会很高兴的。”说完，她就静静地看着我。我心里一震，这是第一次，她把我当成了布莱恩的女友。

“当然。”我又重复了一遍，却不知道为什么。而此时我才真正明白过来我刚刚说了要干什么，我未经思考就答应了什么。

晚上，雨夹雪。冷冷的冰雨肆虐地冲刷着路旁的松树，柏林顿的街道又变成了泥泞一片。我、夏洛特以及我们的同性恋朋友凯尔窝在我的公寓里，一起看电影《特伦鲍姆一家》。可是我们看到半截就不愿看了，因为这部电影太傻了，而我们又都没有笑

[1] 布莱恩的父亲。——译者注

的心情。我不愿去想两天后守夜的情景：我得站在全校同学面前谈布莱恩的事——傻乎乎地站着，手里拿着打印好的发言稿，而劳伦和其他同学在下面小声啜泣……我可能会不堪压力，会说不出话来。

“她是谁？”一个女生会这样问。

“她好像是跟布莱恩在一块儿。”她的朋友会这样回答。她们对视了一眼，都扬了扬眉毛，手里的蜡烛流下蜡油，滴在纸质的托盘里。

我头疼。已是凌晨3点，我、夏洛特、凯尔各自回屋睡觉。

这时我收到了劳伦的电子邮件。没有标题，只有发件人的名字：劳伦·克利弗。它就这样突然出现在我的收件箱里。

时间有点紧，我想请你帮个忙。给我打电话吧，谢谢你啦。要是你不愿打，我也能理解。要是你不打算帮忙的话，务必给我回个信儿，我好想别的办法。我的电话是9175555837。

L

看完信，我立刻就给她打电话了。已经是凌晨3点，可她的信是2点15分写来的，我也不想等到天亮。电话响了，我坐起身来。

“喂？”她的声音透着紧张，但是很清澈。我记起来了，她是学过声乐的。

“你好，我是克莱尔。”

“你好。”

“你好。”接着是五秒钟左右的沉默。我怀疑她是不是忍着不哭出来。“你知道布莱恩的日记在哪儿吗？”

我不知道布莱恩写日记的事，但我不愿承认。我心里的占有欲再次作祟，极力想证明什么。

“不，”我答道，“我不知道。”

“好吧。嗯，应该是在他衣橱的第三个抽屉里。他一直是放在那里的。”

“哦。”我不知道她为什么要说日记的事。这时我听到电话那边传来一声吸气声，明白她是在吸烟。我有些生气。

“你能去把日记拿走吗？”

“为什么？”

“他不愿让他爸妈看到。”

我没说话，电话两端再次陷入沉默。

“我一直在想这件事。日记对他很重要。他爸妈过两天就会清理他的房间，到时候就会发现那本日记。要是读了里面的内容，他们会难过，他也会难过……”

“你为什么不去拿？”

“因为……我没有理由再去他家了。”

我想了片刻。

“让威廉去拿吧。”

“我不想让威廉看到日记。”

“你想让我看日记？”我彻底糊涂了。她停顿了一下，我听到她又吸了一口烟。

“你不会看的。”她说道。这话不像是疑问，倒像是个命令。我不喜欢她这样跟我说话。我一直以为她是一个羞怯、温柔的人。

“给威廉打电话，就说你落下东西了，要过去取……你在他家过夜的，是吧？”

我没有回答，她也再没有说话。我的手机一直放在耳朵上，可听起来她好像是把手机从耳边拿开了，我又怀疑她是在忍着不哭出来。

“听着，”她终于说道，“听我说，他不愿让他爸妈看到日记，明白吗？里面的内容不能让他们看到。里面有他们的坏话，还有他的隐私，还有……你要是不愿意，我就再想别的办法吧。”我又想起了第一次见到她时的情景：她那时正在地下室里弹着尤克里里琴唱歌，地下室里挂了一圈红色的塑料辣椒形状的灯泡……那时的她又酷又冷漠。我不禁纳闷，演出结束后，她是不是跟某个男生好上了。当然不是布莱恩，或许是个胡子拉碴的男生；我还纳闷，她是不是还跟他在一起；我还纳闷，她是不是有个男性朋友，在无聊的时候就到他床上去；我还纳闷，他是不是知道昨天上午她去了哪里，如果知道的话，心里会作何感想……

“好吧，”我说道，“我去拿。”

“谢谢你。”又是沉默。我不知道该不该挂电话。我不知道她是否知道我要在守夜时发言，却隐约猜到她可能已经知道了。我想跟她说点什么，可什么都说不出口。我们俩就都拿着电话，盘腿坐在床上，久久不语。

“再见。”她突然说道。我还没来得及回话，她就挂断了。我想睡觉，却睡不着，于是就麻木地看着她在Facebook上的700张照片，最后搂着笔记本电脑睡了过去。

我是否会看日记里的内容，这个问题的答案是明摆着的。一拿到日记——本子是皮质封面，磨损得挺厉害，它的确是在他衣橱的第三个抽屉里——我就去了学校的图书馆。除了日记之外，我还拿走了一件套头衫。套头衫是朴素的绿色，他以前常穿，却很难一眼看出就是他的衣服。我把套头衫穿在身上，感到一阵悲伤，却有种安全感。我坐在古旧的桌子旁边，打开日记，唰唰地翻看着，找到了第一次出现我名字的地方，然后开始往后读。他写的句子很短，都是平铺直叙，也很啰唆；很明显，他写的都是真心话，没有在日记里作假。我一页页、一段段、一条条快速浏览着：

我觉得自己挺怪的。我知道，我是想尽快忘掉这段感情。我不知道跟克莱尔到底算什么，是为了转移注意力吧。还有，跟劳伦的事，我还是没彻底想明白。我表面上若无其事，甚至准备开始跟克莱尔交往，然而……

星期六，我给劳伦发了一条聊天信息，可她没回复（她在跟乐队一起排练），我又给她发了一条短信。她排练结束，临走时才给我回了短信。我又给她发了一条短信，她没回复，也可能是回复了，可那时我的手机已经没电了，没收到。我又给她写了一封邮件，她可能没看到，也可能看到了，但是也没有回信……

最近，我觉得有些麻木了。可能，我现在的感受都是装出来的吧，也许是因为我已经习惯了恋爱的感觉。就像是，我还能抱着她，抚摸她的脖子，可一切都是幻觉。我们不再渴望彼此的亲近。我想，她也感觉到了这一点吧。可这真的挺可笑的，因为我总盼着能收到她的短信，盼着她会联系我，要是她不给我发短信，不联系我，我就会生气，会感到不安。我知道她回短信总是很慢，可……

我想先缓一缓。只要我们还有可能，我就不想再找别的女孩，不愿再开始另一段感情。可是，就像威廉说的那样：“眼前这个就很好，为什么要舍近求远？”我喜欢克莱尔。也许我不该再自欺欺人了。我想要的女孩，要充满活力，要热情、乐观、有想法、有深度。在她面前我不用瞎吹牛，跟她能聊得来。我最想要的，是两个人真诚相待，也许我和劳伦已经做不到这一点了吧。我觉得克莱尔不大合适，她总是太伤感、太含蓄。也许她很适合我，只是我需要时间……

这个星期，我想了很多。也许劳伦才是我的真命天女，我能跟她走得更长远一点。我很郁闷，因为近来我都没有好好考虑过这个问题……我不是说跟她分手是个错误，错误的是，我们可能毁掉了两个人共有的未来。眼下是该结束了，我们的感情走到现在，是该画个句号了。可我得承认，我还是放不下她。（我知道，她的感觉跟我是一样的。）她在劳伦斯酒吧有一场演出，一想到她会跟那里的某个男生泡在一起，我就难受……

昨天晚上，我梦见克莱尔了，梦见我们俩也走到了我跟劳伦那一步。她好像不愿意跟我约会（也许是我自己的感觉吧），我就自己找心理平衡——虽说有点伤悲，却假装很高兴、很看得开，因为我猜不透她到底对我是什么感觉。我已经开始把克莱尔当成女朋友了？！我不知道是怎么回事，也许是我太累了。可这样也好，省得我再胡思乱想。我们俩怎么就不能谈恋爱了？也许这是个暗示，我们俩的关系可能有不对劲的地方，是什么缘故……

我差点以为就这样了。我不知道。也许我还没有完全放下劳伦（真的），也许我从根本上还不确定吧。我怕的是，一旦跟克莱尔开始了，就再也回不了头了。我只是想知道，她是不是爱幻想，是不是有趣，实不实在，能不能逗我开心，想不想跟我真心相处；她是不是有让我动心的地方。我猜，我也许对她还不够迷恋吧。或者，我还不知道自己的真实感受。她有些自负，这一点不是很讨人喜欢。她脸上总是有那种表情。每当她看着别处，或看电脑屏幕的时候，她就露出那个样子，半是冷淡，半是天真，还轻轻噘着嘴。我很讨厌那个样子。每次看到她那个样子，我就会想，妈的，还是分手算了。可接着我就会觉得难过，因为我多少还是真心喜欢她的。劳伦更漂亮一些，起码身材更好（很有型）。可我又想，也许是因为克莱尔在光着身子的时候太拘谨了些……

我跑到卫生间里吐了起来。吐完了，我到洗手池边漱口，却又觉得恶心，就跑到马桶边上吐了第二次。然后我坐在马桶上，双手揉着太阳穴。长这么大，我第一次有这么恶心的感觉。不是恶心，而是像被掏空了五脏六腑，像是肚子上被人捶了一拳，就像有人把扳手扎进了我的胃里，再使劲搅动……我努力回想着自己对他有相同的感受，回想着跟夏洛特夜谈时说到的布莱恩的优缺点：他太情绪化，太自大，还不爱洗澡。还有，我身材也很棒，可这不是重点。

我从卫生间里出来，穿过密密的书架，走下狭窄的楼梯，走到街上，走进阳光里。我拿出手机，想给夏洛特打电话，却不知该说什么。我沿着皮尔街走了几个路口，周围全是陌生的路人，我突然觉得自己很渺小、很愚蠢。走到四方院的时候，我停了下来，又转身往回走，因为我不知道要去哪里。我想给凯尔发短信，却再次觉得无话可说。这一刻我最想做的，是给布莱恩发短信，爬到他的床上，跟他抱怨要给他守夜的事，还有他的死给我带来的烦恼，然后在他的怀里睡过去，头发铺散在他的床单上。我又拿出手机，拨通了劳伦·克利弗的电话。

“喂？”她说道。

我挂断了电话。

当天晚上，我过得乱七八糟。我喝了4杯酒，又去参加朋友的聚会，还跑到卫生间里吸了些烟。斯宾塞拉着我和凯尔进了卫生间，接着把门锁上了。

“克莱尔宝贝儿，”他说道，“可怜的克莱尔，你才是最好的。”他比凯尔还要娘炮。我跟凯尔交换了一个眼神。

“咱们不谈这件事，”凯尔说道，“这是规矩。”

“才不是规矩，”我反驳道，“别说得我好像个浑蛋似的。”

凯尔和斯宾塞交换了一个眼神。这时我记起来，他们俩在大二的时候曾经交往过一段时间。我本以为聚会上的人都会对我报以同情，都会来安慰我，可事实恰恰相反。我想，他们可能是害怕到我身边来，或者是觉得事不关己吧。或者，知道我跟布莱恩的事的人，比我想的还要少。

“唉，我得走了。”我说道，尽量语带诚恳，“我很好，真的。回头见。”

“克莱尔。”斯宾塞柔声说道。

“真的，我很好。”我重复道，“我感觉很好。”

我真的感觉很好。我的怒火被点燃了，也让我充满了力量。去他的布莱恩，我心里想道。布莱恩、劳伦、布莱恩的父母，守夜，都去他的。“你凭什么把我牵扯进来！”我想朝他们中的随便一个人如此大喊。我想偷一辆汽车，逃回奥斯丁的家里去。我绝不会跟劳伦说布莱恩的日记里是怎么说她的。我绝不会告诉她布莱恩还一直对她念念不忘，对他们的分手决定心存怀疑，惦记着她可能会发短信来。我想，她一定也是同样的，难忘旧情，跟其他男生在一起的时候还是想着他。而瞒着她，不让她知道布莱恩的感受，我觉得心里很痛快。

音乐暂停了。我从人群里、从酒杯中间穿过，寻找熟悉的面孔。我现在自信满满、毫无忌惮，我想凑到某个谈话圈子里。我想给他们说个笑话，再听他们大笑。可我找不到认识的人，布朗街398号的客厅里，似乎都是年轻人。

“他们是什么人？”我朝身边一个男生喊道。我也从没见过他。

“你说什么？”他朝我喊道。

“我说，他们是什么人？我怎么觉得他们都才十七八岁啊！”

“你说什么？”他还是没听清，接着就耸了耸肩膀，从我身边离开了。我回到卫生间，却发现凯尔和斯宾塞正在亲热。

“啊，对不起。”我连忙说着，退了出来。可紧接着，凯尔就打开门走了出来。

“走吧，”他说道，搂住了我的肩膀，“回家。”

第二天早上醒来，我头疼欲裂，是偏头疼，就在左眼珠子后面。我想给布莱恩的妈妈打电话，跟她说守夜发言太难了，我做不到。可我发觉，在我的内心深处，我还是想发言的，因为整个上午我都没打出那个电话。很快，太阳下山了。我想，再打电话也晚了，只能考虑一下该说什么，只能这样了。

我打开一个Word文档，却呆呆地盯了两三个小时，一个字都写不出来。夏洛特过一会儿就给我送来一些食物，她想帮我，却不知从哪里下手。可我一口都没吃，任凭它们在电脑旁边变冷，而日记里布莱恩取笑我身材的那些话语还在我的脑中萦绕。凌晨4点，我和夏洛特看了《特伦鲍姆一家》的结尾部分（她觉得我该换换脑筋，然后再写）。可一点效果都没有，我还是不知道该如何下笔。我想把我跟布莱恩的事写得像济慈的《希腊古瓮颂》一样，在为他灵魂祈福的时刻留住一些浪漫。可那样写出来的东西很像是英国文学的论文，而且我发现，在那种场合，乐观是很不合时宜的。

已是晚上10点，我有点慌了。时间在流逝，可我的发言稿还没有头绪，都凸显出我早已麻木的心神。我沮丧、焦虑，快要崩溃了。不是因为守夜发言这件事，而是不知道该怎么去阐述。我是什么感受？大家应该是什么感受？布莱恩的死对我们这一代人意味着什么？生命的短暂？要珍惜生命？

我不想写得那么深刻，还是打算写得朴实一点。布莱恩是一个了不起的人。他工作很忙，事情很多，却总是拿出时间倾听。可每敲下这些句子，他日记里的那些话就不断地在我耳边回响："我差点以为就这样了""我们不再渴望彼此的亲近""劳伦更漂亮一些，克莱尔在光着身子的时候太拘谨了"……这些话刺穿了我的身体，深深地扎进我的心里，我感到从未有过的不安，只是小心翼翼地接受这种感觉。我恨劳伦·克利弗，我长这么大第一次这么恨一个人。当天我考虑了很久，她是不是故意让我去拿日记？她知道我会读里面的内容，知道我会因此受到伤害。可我又想起了那天她浮肿的脸、红肿的眼睛，继而对此有了全新的理解：她让我去拿日记，其实是出于自我保护的目的。她害怕看到里面的内容，害怕从中发现布莱恩抛弃她的话语。

今晚是写不出什么东西来了。我正打算去睡觉，却在收件箱里看到一封新邮件：

你好。

今天谢谢你了，布莱恩也会感谢你的。

昨天晚上我可能对你太冷淡了些，对不起。最近几天我很难熬，真的。可我本该明白，你也很难熬。

附件里是我的一些想法，你明天的发言可能用得上。你要是都准备好了，就不用再改了。我欠你一个人情。

劳伦

我打开附件。里面有他喜欢的歌曲的歌词；有他大一时写的一首诗；有他说过的、“长大后”想做的事；还有一个链接，是他发表在校报上的一篇趣文。此外就是她对他的描述：他的自信讨人喜欢，他的好奇心毫不做作，他的热情富有感染力。

我不愿承认，但我很感谢她提供的素材。我开着她的附件，开始写发言稿。我点开他的文章，听着她提到的歌曲，摘录下里面的歌词。有了这些新的素材，我松了口气，也不再纠结。写了半个小时之后，我又想起了劳伦。这是我第一次不带私人感情地、客观地思考她这个人。她爱布莱恩，如此明显，不容置疑。不管他明白与否，他也是爱着她的。开始时我还以为她给我提供发言素材是在帮我的忙，是为了感谢我拿走了日记，可我又看了一遍她附件里的内容，才真正明白过来：她给我这些素材，其实跟帮我的忙没什么关系。一点关系都没有。

发言稿写完了，我去冲了个澡。我已经两天没洗澡了，头发都缠在了一起，贴在后背上。我用手指梳理着头发，花了20分钟都没打理好。理到一半我累了，就盘腿坐在喷头下面，任水流冲刷着弓起的后背，脑子里只有水流拍打的声音。洗完澡，从浴室里出来，我穿上布莱恩的套头衫，上床睡觉。我要告诉她。我要让她知道布莱恩在日记里写了什么——让她自己来读。我要给她写封信：我想让你知道，他一直是爱着你的。

我本想打开电脑写信，可转念一想，又侧过身从背包里拿出了日记。他写了很多，满满的，令人羡慕。我这次翻到了日记开始的地方，从那里往后读。我很累，也很伤心，左眼后面还在隐隐作痛，可我细细读着劳伦·克利弗和布莱恩·琼斯的爱情经历，一直读到第二天凌晨5点30分。

追悼会波澜不惊。第二天晚上7点30分，学校的主草坪上聚集了五六百名学生，牧师的随从人员给大家分发了蜡烛，都装在纸托盘里。我不禁在想，他们是不是每次都会把用过的托盘收回去，以备下次守夜时再用。可随即我就被指挥着跟威廉、亚当、布莱恩的父母站在了一起，忘了刚才的疑惑。他们各自发了言，我也发了言。他妈妈向同学们、向学校表示了感谢，却控制不住悲伤的情绪。当我站在发言台上的时候，我还担心大家是否会窃窃私语、纳闷我为什么会发言，可他们没有。我甚至觉得，他们听不出我的发言跟前面几个人有什么区别。守夜仪式的前半段，我一直在人群里寻找劳伦的身影，却一直没有找到。我想，她可能是不打算露面了。可就在我发言之前，我在人群的左后方看到了她，烛光映照下，她那微红的金发闪烁着光彩。我读了他文章里的句子，大家轻声笑了起来；我读了一段歌词，大家又陷入了沉默。我还说，他的自信讨人喜欢，他的好奇心毫不做作，他的热情富有感染力。说这些话的时候，我看着她，她朝我点了点头。

仪式结束，风笛声响起。我跟其他几个人一起等着大家离去。同学们纷纷吹熄手里的蜡烛，走过蜡油斑驳的草坪，各自回到宿舍或图书馆去了。劳伦过来跟布莱恩的家人道别，我能看出来，她跟我一样，因为自己尴尬的身份而局促不安。

就在她离开大门的时候，我追了上去。

“嗨。”我说道。

“嗨。”

我们都没说话，只是站着。

“谢谢你。那个……他应该会喜欢你的发言。”

“谢谢你才对，”我笨拙地答道，“素材是你提供的。”

“别客气。”她低下头去，“我不知道你会不会用到。你没给我回复。”我没说话。我看着她，发现她又哭了，静静地落泪。

我又想起了日记里关于她的那些内容。那天上午他们第一次接吻，过后他花了40分钟给她写了一封三句话的邮件；那次他们一起去打保龄球，却在卫生间里吸烟；她的锁骨，她的笑容；那个暴风雨夜里，他在地下室里第一次看到她的乐队演出；她第一次带他回家过感恩节，见到了她的酒鬼母亲，后来他们还讨论过这个问题，他说没关系，他会一直陪在她身边；他给她写蹩脚的情诗，她给他写精彩的情歌；有一次他们以为她怀孕了；他们恋爱期间，他的祖父去世了；他们信誓旦旦，要相爱到海枯石烂；他担心他爱她比她爱他多一点，担心伊曼纽尔抢走她的芳心……接着我又想起了，他在日记里写到他们的恋情渐渐失去了色彩，渐渐变得老套、习以为常。他早上醒来，不再翻身去吻她；他抱怨没有时间陪朋友，她太唠叨；他开始留意别的女孩，并跟她作比较；她也开始对他冷淡；半年过去了，一年过去了；他们结束了；他觉得自由了，觉得又恢复了青春和活力；他又开始想她；他怀疑分手是否正确；他害怕他们俩再没有未来……不管他有没有想明白，他爱的人，是她；归根结底，在他心里，我永远都比不上她。

他们的爱情经历就装在我的背包里。里面装着的是一个秘密：他跟她一样，从来都没能放下那段感情。他在日记里没有说出来，可我在字里行间读懂了他的意愿——谢谢她。告诉她我不想再跟她说话了，因为要开口太难……我看着她，看着她瘦削的脸上慢慢滑下的泪水，我知道，事到如今，日记还是我留着比较好。还是别让她知道里面的内容吧。

“对不起。”我说道，这是我唯一能说的话了，“真对不起。”我又说了一遍，然后转身离开了。

当天晚上，我又出去玩了。我跟夏洛特、凯尔一起去了皮尔街上的一个聚会。在那里我遇到了马绍尔，他是我在俄国文学课上的同学。当时我们俩都从屋里出来，在火灾逃生梯那里透气。我平时不吸烟，却跟他要了一根。他把烟递给我，半笑不笑的。马绍尔长得很帅，也很聪明。不知怎的，突然间我很想让他出现在我的生活里，我想得到他的宠爱。我跟他在外面站了一个小时，聊了很多事，身子也挨得越来越近。最后，我们俩都冻得哆嗦起来。他问我想不想跟他回公寓。我想去，我真的想去。他朝我笑了笑，拉上外套的拉链。我看着他，却仿佛看见一个世界渐渐堆积成型，又轰然倒塌……

寒 假

恍惚劲儿还没过去，我看见一个人正在积雪的街道上咔嚓咔嚓地走着，她裹得像个爱斯基摩人一样，手里拿着手电筒，旁边跟着一条可卡犬[1]。路旁积雪的树枝垂了下来，而在我迷离的视野里，这郊外的景象如一个巨大的山洞一般。那个人深一脚浅一脚地向前走着。我活动了一下僵硬的手指，从开着暖风、响着收音机的车厢里静静地向外望去。一个学期的学校生活下来，我早已忘记了密歇根州的宁静——一栋栋房屋酣然入睡，只有卡车驶过积雪的路面，留下两条车轮的痕迹。我关上收音机，慢慢地把车刹住。我看见妈妈手里的手电筒射出一道黄色的光柱，随着她的步伐上下晃动。她另一只手牵着狗，它一会儿去叼地上的松

[1] 可卡犬，一种英国小猎犬。——译者注

果，一会儿跑到别人家的行车道上，一会儿去闻地上不知是什么人的尿，她则不断地把它拉回身边来。

先前，我跟父母说大概10点到家；其实我早就到了，只是先去了山姆那里。到他家后，我们直接去了他的房间，和衣躺在他的床上。我们脸贴脸，却没有接吻。“我回来了。”我对他说道。接着我们就纠缠在一起，似乎不敢相信这是真的。这是我们第一次长时间远隔两地，我也终于明白了相思之苦。

又过了一个小时，我从床上爬起来，回到车里。他则跟在我身后，坐在了副驾驶座上。车窗上结了一层薄霜，我们俩又亲热了一会儿，一起吸完一根烟。“别走。”他轻咬着我的肩膀，柔声说道，“你总是撇下我一个人。”我慢慢地呼气，头枕在他的脖子上。我的心挣扎着，一边是他温暖的床，一边是在厨房里等我回家的妈妈，为我烤的蛋糕热了又凉了。

“明天吧。”我说道，紧握着他的手，坐直了身子，“我今天刚回来，得在家过夜。”

我停下车好一会儿了，她还没看见我。我不知道是不是该继续等在车里，却不知为什么不愿动弹。冬天把这个小镇变成了一个黑白分明的仙境，我喜欢看妈妈慢慢走在其如隧道般的中心地带之中。她穿得很厚，身上是一件臃肿的风雪大衣，脖子上裹了两条围巾，手上戴着皮棉连指手套。她在路中间优雅地走着，毫不在意过往的汽车会打扰她的步伐。她每天要遛三次狗，给它套上绳索，围着街区遛弯儿。当初我跟哥哥弟弟求着要养条狗，还发誓说会轮流出门遛狗，可慢慢地，它长大了，我们则开始忙作业，忙着跟朋友们玩，忙这忙那。

我把车窗摇了下来，一股寒气迎面扑来。我的狗轻吠了一声，恰好有根小树枝不堪积雪的重压，“咔”的一声断裂了。周围一片沉寂，恍惚中，我不由得对上天的神力敬佩不已，它竟然能让世界各地千头万绪的事情同时发生。我想象着，每天妈妈遛狗的时候，身在外地的我或许是正在联谊会上喝酒，或是正在跟山姆视频聊天，或是正在雪天里躲在宿舍里睡懒觉……在这一刻，我爱妈妈，我的心里一阵绞痛。

“妈！”我从车窗探出头去，朝她喊道。狗大叫起来。她猛地转过身，在煞白的远光灯里，她像头受惊的小鹿一样一动不动。她向我看来，在刺眼的灯光里努力辨认着。她变了，跟以前的样子大不相同；或者我以前就看到过这种变化，却并未在意。她身材瘦弱，面颊消瘦，似乎又累又冷。她认出了我，立刻面露喜色，慢慢地朝汽车跑过来。我很高兴，我爱妈妈，所以我并未多想她苍老、虚弱的变化，更根本的原因是，我不喜欢这突然迸发出来的感悟。

第二天早上醒来的时候，妈妈正在地下室里整理家人的袜子。我喜欢在家的感觉，喜欢木地板发出的嘎吱声。这个学期，我在学校里过得挺顺利，可我很想家，多半是因为山姆吧。我们是今年夏天在密歇根湖打工时认识的，而那片湖水在我的记忆里就被赋予了浪漫的色彩，总是在我们电话聊天时提起。爸爸总说我们是位于中心的中心，可身处伊利湖的西北部，跟“中心”两字简直毫不搭边。今年8月，我跟山姆坐了18个小时的火车去了纽约，一路上我们都蜷在座位里，一起听iPod。从那以后，我就渴望城市里的生活。活力，艺术，彻夜不眠。回来后我将在纽约的见闻讲给家人听，爸爸却说纽约是个卑贱的地方，他们还笑话我再也不回来的想法。

从那时起，我发现一切都是那么浪漫。我觉得这个世界有一种异常的慷慨。我脑子里全是离奇的想法，普通的日常活动似乎也焕发着令人眩晕的新奇色彩。也许是吸烟的缘故吧。不管做什么，事前来点烟，就能拥有一段美好时光。我们去滑雪、打保龄球，对自己蹩脚的技术毫不在意。我们在车后座上轮流吸着烟斗，时而胡言乱语，时而目光呆滞。暑假里，我总是很晚回家，而到家时总能看到爸爸醉醺醺地在找东西吃。

他在用微波炉加热烤肠，吃冷切肉，或是用量匙挖着冰激凌吃。有时候，我也热上一碗意大利面，坐在他身边吃着，他则看着电视剧《犯罪现场调查》。有时候我会问他，为什么会凌晨3点起床，还把头钻进冰箱里闻汽水的味道。

我走到地下室里，坐在妈妈身旁的小地毯上。我拿回家的一袋袋脏衣服早已洗净晾干，整齐地叠好，放在了架子旁边。妈妈看上去比50岁要年轻一些，身材纤细，一头金发，腰也很软。她正在一堆五颜六色的袜子里把蓝条纹的、绿色的、各种白色的袜子成双挑出来，甚至能180度扭转身子。我们闲聊了一会儿，学校、食堂、小聚会、家长会……大家都说我跟妈妈长得很像，我却从没注意过，只是觉得笑起来跟她有些神似。

“跟我说说山姆吧。”她说道，我知道她迟早会问这件事，“你出门上学以前我好像没见过他。”

“哪里，你见过。”我说道，随手抓起一绺头发编着辫子，“我们常在家里玩的。”

“也许吧。”

“不是也许。是真的。”

“好吧，真的。”说着，她打开烘干机，从里面拽出几条床单放在旁边的篮子里，“你知道我是什么意思。他怎么样？”

“嗯，挺好的。”我答道，“他在伊斯特维尔学天文学，不过可能要换专业了，改学阅读什么的。”

“哦。”

“是的。他很聪明。我们挺好的，是正儿八经地相处，跟克里斯那次不一样。”

她笑了：“你们这个学期一直在一起吗？你们有没有……”她后面的话没说出口。

“啊，没有。”我断然说道，又等了几秒钟，看看她是什么反应，“你怎么能说这种话，我生气了。”

“阿迪，我不是怄你。我是说，你们太久没见过面了。”这时我才意识到，她是真心的。我以前听说过妈妈在遇见爸爸之前的事，我在那些记忆的碎片里搜寻着，想想他们是否也曾长时间相隔两地。

“有一点吧。”我说道。

“在学校里没跟别人好过？”

“没有。妈妈，我不想说这个，不是这样的。别说什么‘好’或‘不好’的。”她好像伤心了，而我的心情变得很差。

“好吧，不是‘好’，是‘动心’。对不起，我不知道你们是认真的。这样挺好的，女儿。”

“是啊。”我说道，又停顿了片刻，不知道该不该把谈话继续下去，“你知道吗，身边有个人真的很好。不是在身边那个身边，嗯，就像是在我上课的时候、聚会的时候，有个人会给我发短信，会想念我。”

“真浪漫。”我又一次从心底感觉到了她的真诚。

“爸爸在哪儿？”

“在睡觉。”

“睡觉？都上午10点了。”

她只是耸了耸肩膀。“你该抽时间陪弟弟玩玩。他一直在问你什么时候回家。”她喜欢说这种话。她的四个孩子年龄相差挺大，不在一个年龄段。我跟哥哥弟弟大的大，小的小，从小到大都没有搅和在一块儿。

我们家跟别人家没什么不同，功能齐全，运转良好。直到上了大学我才真正意识到，每个家庭都有烂事儿。（凯利的哥哥吸毒，马克斯的爸爸是个地下同性恋。）我们家没有，也许问题在于我们家并不富有。我的两个哥哥都在芝加哥工作，家里只剩凯尔一个孩子。我的父母从不吵架，也许他们觉得没有值得吵的事。在我的记忆里，妈妈总是凌晨6点起床，然后出去锻炼，参加万米跑筹款慈善活动。她吃莴苣、豆制品，却给我们做很多好吃的。爸爸原先是个汽车销售员，因为酗酒，现在瘦得皮包骨头。我们几个孩子几乎都认不出他们婚纱照里，站在妈妈身旁那个五大三粗的人就是他。我知道妈妈也为此烦恼。可是，他本意很好。而这恰恰就是问题所在，他只是本意好。

对我而言，我不知道自己想要什么。我的裙子上被香烟烫了好几个小洞，而刚刚过去的这个学期把这个世界变得深刻了很多，我可以把它拍成照片，或写成蹩脚的诗。每件事似乎都值得说一说，可还没开口，我就强把话咽下去了。我的生活里，一边是对专业知识的追求，一边是非法下载的电视剧。我跟山姆常常大睁着眼睛、蜷在床上看46分钟一集的电视剧，为剧中医生、政客、宇航员的远大志向而心生钦佩。每当感觉无聊，或为日常琐事搞得身心疲惫时，我们都会看《豪斯医生》和《法律与秩序》，慢慢纾解心里的冷漠，最后却发现真正想做的不过是在床上躺着。这是我第一次真正意义上的恋爱，妈妈能看出来。

我走回楼上，经过弟弟的房间，他屋里没有开灯。他正头戴耳机，玩着游戏《魔兽世界》。

“忙什么呢？”我倚在他的门框上问道。他没听见，于是我又问了一遍，“忙什么呢，高手？”他身子一扭，把转椅转了过来。

“嗨。”

“你今天晚上干什么了？”我问道。他转过身去，继续玩着游戏，他控制的角色手里发出一阵蓝色的旋风。

“没干什么。”

“你们不是刚放寒假吗？”

“嗯。”

“酷。”我仍倚在门框上，回忆着我上8年级时参加的那些地下室聚会。我们把伏特加装在矿泉水瓶子里，一边喝酒，一边玩“真心话与大冒险”的游戏。

“一会儿去玩蹦床吗？”他开口问道，他还看着电脑屏幕，右手滑动鼠标，左手敲击着键盘，“星期二的时候我把上面的雪扫干净了。”我看着他的脑袋，他那褐色的蓬发在屏幕的映照下变成了绿色。

“呃，不行。”我答道，向他的桌子走去，“我答应山姆去他那里。”

“好吧。”他拿起键盘旁边的沙士饮料[1]喝了一口。

我还不想离开他的房间，就随口问道：“你在打仗？那是个巨魔还是什么？”

“是食人魔，不过我常用的是血精灵。”

[1] 沙士，又译“根汁汽水”，一种碳酸饮料。——译者注

“挺不错的。”我说道，“怎么跟阿凡达一个样儿？”

“不一样。”他半是嘲笑地说，“你明天在家吗？”

“对，在家，”我答道，“明天一早我就回来。”

“好。”

我等着他说话。可他没有开口，而是在游戏里杀掉了一个长着獠牙的牛。“爸爸妈妈怎么样？没烦他们吧？”

“差不多。”

我觉得可能是打扰他玩游戏了。

他又补充道：“妈妈总管着我做作业。”

我笑了：“爸爸呢？”

他停了一会儿，接着又开始点击鼠标。“呃，老样子，喝太多了。”我没想到他会说这个。但我知道他很聪明，要是以为他不知道这是怎么回事，那我就太笨了。我又在他的电脑旁站了几秒钟，接着轻轻握拳打了一下他的肩膀，然后向门口走去。

“把灯打开吧，”我说道，随手按了一下门廊里的开关，“黑灯瞎火地藏在屋里，太吓人了。”

“好吧。”他还是盯着电脑屏幕，没有回头。我走回自己的房间，换了一套性感内衣，然后就去了山姆那里。

当天晚上，我们一起到湖边散步。我们一起吸了根烟，还聊起了人类的命运。他说宇宙会慢慢收缩，然后再一次爆炸。我一点都不懂，可我喜欢听他说话。湖面上的冰很厚，渔民甚至可以开着卡车在上面行驶。可我觉得躺在冰面上，下面就是往日泛舟的地方，这才真正迷人。我去了俄亥俄州上大学，可山姆的学校就在街尾。趁着恍惚的劲儿，我很想问他有没有跟别的女孩来过这里。可这时天下起雪来，我往他身上靠了靠。他也靠紧了我，我们的鼻子碰在了一起。

“真好。”他说道。

“嗯。”

“要是只有咱们俩该多好。”

“嗯。”

过了一会儿，我们的头脑清醒了一些，烟头也结了冰。他无须解释刚才的话是什么意思，因为他知道我明白他说的是我们的一切。

我们回到他家里，洗了个澡，爬到床上。欲火还没燃起，我们就昏昏沉沉地睡过去了。

第二天，我拉着他到我家。他本想待在自己家里，因为他家有台大电视，而他父母也不在家。可我跟他说，我午饭没吃就离开家到你这里来，现在回家又晚了，还有，我们总是在你家里，几乎不到我家去，你心里最清楚。

我把车开到家里的私人车道上时，爸爸正在铲台阶上的雪，这太罕见了。他身上穿了一件很大的防风外套，胳膊下面全是污渍。当着山姆的面，我觉得他有些丢人，可又因为自己竟然如此在乎爸爸给我丢脸而尴尬不已。

妈妈从书房里出来，我们一起到厨房里聊了一会儿。爸爸又出去铲雪了，可妈妈还陪着我们。她一边整理着手边的票据，一边说着在网上看到的好文章。她在观察我和山姆，我知道她把我们的每一个表情都看在眼里了。

“你父母是干什么的，山姆？”

“他们在学校工作。”

“阿迪说你是学科学的。”

“是的，夫人，目前是这样。”他一边回答，一边面带戏弄地看着我。我把手伸到他肚子位置，抓住他的衬衫把他拉到身边，他则伸出一只胳膊搂住了我的肩膀。我觉得这是个相互信任的姿势，是让妈妈觉得我们在她身边并无不安。可她看了我们俩几秒钟，有点慌乱，低下头去查看手机。

“我得打个电话，你们上楼去吧。”妈妈在厨房里走动着，在餐具柜里找什么东西，还拉开了几个抽屉。“谢谢你愿意跟我这个老太婆聊天。”这是个善意的玩笑。她说着，停下手里的动作，朝我们笑了笑。

“我爱你。”我对她柔声说道，接着我们俩就笑着走出了厨房。

“你不爱我。”

“我爱，爱！”

寒假就这样在我家楼上、他家楼上慢慢地度过。我们总是穿着羊毛袜子睡觉，醒来时身上都是汗。大多数时间我们是在他家里睡觉，因为我的床太短，他的脚放不下。我总是等妈妈睡着以后再开车去山姆那里，可我能看出来，妈妈对此有些烦恼。我知道，因为她总跟我说9点的早餐里有我喜欢吃的东西。我想，爸爸也觉得整件事似乎有些不妥，可他的女儿是在认认真真地谈恋爱，他不知该作何反应，但是他喜欢山姆。每次山姆过来，我都想办法让他们至少聊上10分钟冰球。有一天晚上，山姆在我们家过夜。我们俩正在看《地球脉动》[1]，这时爸爸走了进来。当时我们正看第二集，可我们的兴趣早就从吸血鬼鱿鱼转移到了我的床上。爸爸问，是不是可以跟我们一起看电视，他一手拿着酒瓶，另一只手里端着一碗无糖果冻。

“当然可以。”说着，我直了直身子，这样山姆的胳膊就搂在了我的肩膀上。

“太好了。”爸爸说着坐在了对面的沙发上。这种事在山姆家里从未有过，因为他的父母总是在楼下忙工作。于是我们继续看第三集，把思想再转移到海底深处那些发光的奇异物种上面去。可10分钟不到，爸爸就睡着了。他的呼噜声跟打雷似的，换作我上中学那会儿，听到这样的呼噜声一定会大笑起来。我们把电视关了，我给爸爸盖了一条毯子，上楼时顺便扔了那碗果冻。爸爸请求跟我们一起看电视时那拘谨的样子始终在我的脑海里挥之不去，他就像是自助餐厅里孤单的食客一样，我心里很难受。我想，其实在大多数问题上，大家谁都没有错。我很想把这些想法

[1] 英国广播公司（BBC）制作的自然纪录片。——译者注

告诉山姆，可他早已进房间脱鞋上床了。已近凌晨2点，可经过凯尔的房门时，我看到他的电脑还开着。

这个寒假，我跟山姆有时候也有一两天不见面。那时我就独自度过，或是跟家人在一起。我和妈妈去了几次哈蒙德湾的购物中心，我还帮她用柠檬和姜做成了奶酪蛋糕。在一个寒冷的星期二，两个哥哥从芝加哥拼车回到家里，我们一起出去买了棵圣诞树。托比和扎克比我年长很多，他们对离家后家里的烦恼并不知情，所以，他们只是开心地笑着，开着玩笑，我跟凯尔则躲在他们身后，暗自庆幸不必去装模作样。圣诞节来了又走了，从我13岁起似乎就没什么新鲜感。圣诞节早上，大家直到9点30分才起床，不过，我觉得凯尔可能早就起来了，他趁着大家还没醒过来，就跑到楼下查看了袜子里的礼物，又跑回了楼上卧室里。山姆给我买了一条项链，链坠是一个银质的小橡果。当天下午，妈妈好几次从我脖子上拿起项链看了又看。我送给她一个做焦糖奶油的喷枪和一件羊毛外套，她夸张地向我表示感谢，我却觉得这一幕既美好又乏味。

26日，圣诞节刚过，我又开始焦虑。每次见不到山姆，打电话的事就令我烦恼不已。寒假似乎是没有尽头的，除了圣诞节，其他事情又把大学生活塞进了我的脑子里。有一次山姆在学校里的时候，给我发短信，说不能给我打电话，因为舍友都在睡觉。我哑然失笑，还是给他打了过去，于是，在8分钟的通话时间里，只是我在说，他在听。今天又经历了什么什么事，我的心情如何如何，我是多么多么爱你。

托比和扎克回芝加哥了，家里又冷清下来。我有几次跟妈妈去练瑜伽，下课后我们一起笑话那个教练讲解时滑稽的用词，亲密得像姐妹俩一样。爸爸平均一个星期里会有几次醉倒在沙发上，我不禁想着，凯尔心里又会积攒多少反感和牢骚。有时候我回家很晚，车里全是烟味儿，看到爸爸还没睡觉，我就跟他说说话。我跟他其实没什么话题，于是我就问他在看什么电视剧，这样至少能跟他聊10来分钟。有一次，我们刚刚一起看完一集电视剧，碗里的爆米花也都吃完了，他沉默了片刻，低头看着地上趴着的狗，开口说道：

“你妈妈说，你跟这个叫山姆的孩子在一起很快乐。”她一定是跟他提起过这件事。

“对，”我答道，“是的。”

“她说他给你买了条项链。”说着，他抬手指了指我的脖子。

“是的，圣诞节礼物。”

他点了点头，想要站起身来，却又坐了下去。“我觉得，我给她买的风铃挺好。”说着，他满心期待地看着我，似乎在等我的赞同。那是银的，妈妈一定跟他说过，所以他给她买了银制品。

“当然。”我清了清喉咙说道，“风铃是很好的礼物。”

“我明天就把它挂起来。”

我点了点头。“那是当然，很酷嘛。”

“我明天就挂起来。”他又重复了一遍，说着向厨房的水槽走去。

可他没挂风铃。第二天早上我们醒来的时候，妈妈做的香蕉面包已经凉了。

山姆的伯父每个新年都在加拿大举行家庭聚会，出于礼节，山姆建议我俩也打扮起来，开车去那里跟他的家人聚一聚，而不是躲在某个地下室里喝得大醉。他一边在烤箱里烘烤速食饼干，一边将去年拍的家庭聚会照片给我看。照片上，每个人都衣着光鲜，喝着香槟。他还说，第二天家人可能会一起出去滑雪。我决定拿出一部分勤工俭学挣来的钱，去买件得体的裙子，于是就去了哈蒙德湾购物广场。我站在三面环绕的试衣镜前，在一件绿色、两件黑色的裙子中间难以取舍。于是我每件都试了试，并用手机拍下来发给了妈妈。后来又给她打了两遍电话，才教会她如何打开照片。她回复说绿色的那件显得我的腿很好看，于是我就把它买下来了。

我动身去加拿大的那天下午，妈妈又在地下室里叠袜子。我穿着那件绿色的裙子，在她面前摆了个造型。

“怎么样？”我转了个圈，问道。

“真漂亮，”她说道，“一眼就能让他神魂颠倒。”

“妈妈，别闹！”我笑了，转身背对着她，说道，“帮我把拉链拉开。”

她帮我拉开了拉链，我回到楼上卧室里，将裙子脱下来叠好，放进包里。又穿上一条牛仔裤，穿上一件套头衫，回到地下室。

“你们是今晚开车过去？”

“嗯，今天下午就走。”我把手伸到篮子里，在里面寻找一双黑条纹袜子，“不用担心，是我开车。”

“好的。”

“你新年怎么过？”

“没什么。”她微笑着说，“我不大喜欢新年，新年不过是个喝酒的借口罢了。”

“也对。”

我们沉默了一会儿，慢慢整理着眼前的袜子。

“你知道的，你爸爸不是经常醉成那样，对吧？”她转头看着我，我只好迎上她的眼神。

“我知道。”我说道，“从我回家，他就好多了，真的。有时候你睡着了，我还在客厅里见过他。”

“你能这么说真是太好了。”她说道，这次却没有笑。“我不知道，阿迪，”她叹了口气，“我真的不知道。”我讨厌这种谈话，更因此而讨厌自己。我不禁在想，除了我之外，妈妈还能找谁倾诉，却一个人都想不出来。她跟书友会的几个朋友的关系到了可以交心的程度吗？我不确定。“我不知道还能坚持多久。”她低下了头。

“嗯。”

“你回家了，我就想……你好像很……”

“我的意思不是……”我欲言又止，我不知道说不说有什么区别。

她沉默了一下，继续说道："现在，你们都已经长大了，我也没什么放不下的了。"

"我不知道。"这是个愚蠢透顶的回答，我不知道是否该安慰安慰她。

她的话语里没有悲伤，只是疲惫，跟我回家那天在车里看到的一模一样的疲惫。这时我的手机响了一下，我打开手机一看，是山姆发来的短信。

"没事的，想接就接吧。"妈妈说道，又低下了头。

"不，没事，不是电话。"

"是短信？"她好像很为自己知道这个新兴词汇而自豪。

"是。"

她停顿了一下，问道："说的什么？"我打开短信，等了一下。是一颗爱心的表情符号，后面是一句话："想你了。"我不能给她看。

"是萨拉发来的，"我说道，"她问我今天晚上干什么。"

她看了我一眼："不是萨拉发来的，阿迪。是山姆。"

"不，是萨拉，我发誓。短信上说：嘿，今晚你打算干吗？"

她笑了笑，却并非发自真心："你们什么时候走？"她的语气跟刚才不一样了，变得轻松而愉悦。我看了看表，已经是下午1点40分，山姆说2点来接我。

"妈妈，你知道的，我可以不去——"但她立刻打断了我的话。“阿迪，来，”她把头发拢到脑后，挽了个发髻，“再叠三双袜子，我就给你自由。”于是我又帮她叠好了三双袜子。

路上，我跟山姆吸了两根烟，听着音响里欢快缥缈的音乐。距离国境还有3英里[1]的时候，我们把车停在一片原野上，开着车门让车内烟气散尽。我们手拉手坐在发动机盖上。野外的空气格外新鲜，而旧年的最后一天，天空也异常地蓝。从坐着的地方，我们能看到远处连绵起伏的高山。太阳落山了，我们回到了车里。

换裙子的时候，我把山姆赶出了房间，这样就能在出去的时候给他一个惊喜。这件绿裙子的确显得我的腿格外好看，我先把它脱了下来，等晚饭时才穿上。跟他的叔叔伯伯、中学朋友们见面时，山姆一直在朝我微笑。其间我们发现很多笑料，而它们都在我们的目光交织里心领神会了。晚上大家都大喝香槟，还戴着古怪的帽子，我则一遍遍地跟他们解释自己为什么上学、在哪里上学。午夜时分，大家都聚在一个有壁炉的房间里，在老套的颂歌声中一起倒计时。山姆一只手搂着我的后腰，房间里充满酒精、香水和火苗的气味。我低下头，看着紧握着我的手的他的手指。我的耳中一片喧杂，眼里是他的微笑，我却在这一刻幡然醒悟，满心酸楚：握在一起的这两只手曾经做过什么，在我上车前妈妈想要告诉我什么……我努力把注意力放在眼前：枯萎的圣

[1] 约5千米。——编者注

诞树上闪烁的灯泡、陌生的客人尖叫的喜悦的面孔。可就在这一年最后的几秒钟时间里，我的思绪却飞回了家。爸爸也许又喝醉了，正瘫在沙发上看电视里直播时代广场的跨年降球仪式；弟弟可能还在卧室里玩着电脑游戏，稚嫩的脸庞被屏幕映成绿色；还有妈妈，她正拿着手电筒在街上遛狗，在零点时分的漆黑雪夜里穿行……

朗　读

每个星期一和星期三的下午4点30分，安娜就脱光衣服，为塞姆朗读。接线盒说明书、速食汤食用指南、信箱里未付的账单和宣传页……她一件件地脱去身上的衣物，熟练而隐秘地将其叠放在身旁的椅子上。通常，塞姆都会给她沏一杯国外的茶，两人一起交流彼此共有的味觉、嗅觉和触觉感受：闻起来像肉桂，尝起来像烟熏的蜂蜜，茶杯挺烫手……他们都能听到茶壶里煮茶的声音，但只有安娜能看见袅袅的热气和茶杯里紫色的旋涡，只有安娜能看见自己萎缩的乳房和皮肤下曲张的静脉。她看着他，他却什么都看不见。说明书、宣传册、包装盒、票据……话语从它们的页面上飘起，又落在两人中间——一个是60多岁的赤裸女人，一个是20多岁的瞎眼男子。

是医生建议她这么做的。当然，医生建议的是朗读，而不是脱衣服。医生说这样会让她的生活变得有意义、有规律。

安娜病了，她自己也知道。自从丈夫重新回去工作，安娜的左膝关节就开始疼，有时候她还一阵阵恶心。去年4月，有连续四天时间她都觉得自己得了肺结核；6月，连续三天认为自己得了子宫内膜癌。她在床头柜上放了一本《常见病诊断大全》，没事就翻着看。而顺理成章地，她每找到一个可疑的症状就去看医生。安娜喜欢她的医生，喜欢诊所里的杂志，喜欢他为病人准备的柠檬糖，喜欢他那洁白朴素的大褂。她喜欢他，甚至在他将她的种种症状误诊为“疑病综合征”时都没有生气。她喜欢他，所以才听从了他的建议，志愿加入了市图书馆的“视力障碍帮扶项目”，为的是让自己的生活变得“有意义、有规律”。

星期一下午4点28分，安娜敲响了塞姆公寓的房门。连续12个星期以来，她都是这样敲门的，就像她知道他知道她已经到了。

她的膝盖很疼，这栋楼的电梯正在检修，两层楼的楼梯爬上来，她的额头上冒出一层密密的汗珠，上气不接下气。她讨厌现在的身体。想当初，她的腰能后折，她能凭脚尖站立，她能做出黑天鹅的“32圈挥鞭转”[1]却不汗湿紧身衣，或弄皱舞鞋。红颜易逝，美人迟暮。而安娜年轻时就是个美人。维斯切斯特[2]的一

[1] 芭蕾舞《天鹅湖》中的单足立地旋转动作。——译者注

[2] 美国纽约州的一个县，富人聚居区。——译者注

面面镜子里，映照的全是她以往的辉煌。那时的她人人瞩目、人人艳羡，人们情愿花7美元买票到大都会歌剧院看她的小跳[1]。但塞姆是个例外，塞姆从没看过她做的任何一件事。所以，每个星期，安娜都有两次机会看不到镜中的自己。他的家里没有镜子，他雾蒙蒙的双眼也毫无光泽，映不出人影。所以，当他打开门的时候，她就只把注意力放在了他的脸上。

“你好，安娜。”塞姆说道。

“你好，塞姆。”安娜答道。他伸出手托住她的肘尖，这是他一贯的欢迎方式。

“你的膝盖还好吗？”

“唉，不太好。”她走进屋内，随手把门关上。“他们现在连病都查不出来了。也许是肺结核，他们看不出来。”说着，她摇了摇头，“我正戴着护膝呢，真的。”

其实她没有戴护膝，但她喜欢这种说辞。她还喜欢塞姆。

塞姆并非天生就是盲人。两岁以前他的视力还是好好的，但随后眼睛渐渐模糊，最后就什么都看不见了。幼年的视觉记忆，到现在还迷惑着他、戏弄着他，令他心灰意冷。他能记着的，只有小时候看到的桌底和成年人的大脚，却永远没有机会进入正常人的视界。他现在是市郊一所神学院的硕士研究生。每到晚上，他就在公寓里溜达，手指抚摸着成千上万的盲文点字——《雅各

[1] 芭蕾舞动作，单脚跳起单脚落地。——译者注

书》《以赛亚书》《路加福音》《马太福音》《诗篇》《福音书》……“这是宗教研究，”他总是跟朋友们、叔叔伯伯们，还有像安娜这样为他朗读的志愿者们如此说道，“我是研究上帝，而不是崇拜上帝。”

塞姆的公寓里总是井井有条，对他来说，杂乱无章带来的绝非只是不方便，而是危险。安娜从满满当当的书架旁走过，上面放着的是《圣经》书籍、犹太教书籍，此外还有印度烹饪和音乐理论的书。它们都按照字母顺序整齐地摆在宜家书架上。这些书架是他自己组装起来的。那是安娜最初来他家的时候，她给他读着组装说明书，他则一颗颗螺丝钉、一块块木板地摸索着，将其拼装到一起。他的公寓里，每件物品都有其固定的位置，每件器皿都在各自的挂钩上，每件衣服都挂在各自的衣架上。随处可见蓝色的点字标贴，整个公寓就像是个实验室一般。微波炉按钮、电灯开关、抽屉、瓶瓶罐罐……都用明亮的蓝色点字盲文标好了名字。沙发后面的墙上挂着一张马来西亚的挂毯，对面墙上则是一幅安迪·沃霍尔的画。安娜曾问他为什么这样摆放，他耸了耸肩答道：“为了搭配对称，是我妈妈的主意。”

“请坐，请坐吧。”他向安娜平时坐的扶手椅方向指了指，然后左转45度，向前迈了6步，走到柜子跟前，“今天要读的东西很多啊。”

“能行的。”她答道。

“安娜呀，安娜，”他突然悲伤地说道，“要是没有你，我可怎么办？”

“其实你很清楚，他们会再给你安排一个人来读的。”

塞姆把一摞纸放在桌子上，笑了。

“我逗你玩呢，”他说道，“你知道我喜欢跟你开玩笑。来，快坐下。我可不想让你的膝盖断在我家里。是什么来着，肺结核？咱们不跟肺结核打交道。”

安娜看见塞姆咧嘴笑了，但她还是脸红了。她坐了下来，端详着他：他前臂上绷紧的皮肤，他走动时裤子的褶皱，他推、拉、抬、拿时手部的动作……他的一举一动都平稳、自信，丝毫不受观察者目光的影响。他朝气蓬勃，头发浓密，身体强壮，安娜猜想，他一定有个舞者的身材。她幻想着他的双手握住她的腰肢，高高地把她抛起，然后跳起来，在她下落时把她接住。她幻想着在幕后的暗处，他的手指与她的手指纠缠在一起，而观众的情绪令空气都变得愉悦。他们登台鞠躬谢幕，周身热得虚脱，唯一听到的只是两人急促的呼吸声……

而同样急促的呼吸声，就在此时此刻她脱掉鞋子坐在椅子上开始为他朗读时，再度出现。

“好吧，”塞姆递给她一摞信件、账单、寄错的收据，“开始干活儿。”说着，他在电脑前面坐了下来，准备把她读到的内容变成盲文。

她读了一张汽车保险的广告，解开了毛衣的纽扣。

她读了一张信用卡收据，脱下了袜子。

塞姆就坐在电脑桌旁，安娜的样子他一点都看不见。他边听边打字，在朗读的间隙，他会喝口茶，跟她闲聊两句。停……往下读……什么？停……什么？这句重复一遍……这句不能省……

安娜知道自己的朗读水平不高。她不是看着书本而是捧着镶镜子的八音盒长大的。但他从不纠正她的错误，在她读到企业家（entrepreneur）、官僚制度（bureaucracy）、耶稣会信徒（Jesuit）、赞美诗（psalms）等拗口的词时，他也从不嘲笑她。他跟马丁不一样。马丁总是挑她的错，总是笑话她。他嘲笑她总是不厌其烦地跟别人说："唉，我跟你说过吗，我以前在大都会歌剧院跳舞呢。"在公司的年会聚餐上，他还当着大家的面揶揄她，笑话她把bon appétit说成了bone appetite[1]。但她在吃饭后甜点时又说了一遍，当时她瞅着他的眼睛，脸上挂着胜利的微笑，"来，大家bone appetite，bone appetite！"

可那都是在马丁退休之前了。退休后，他就待在家里，或者嘟囔金枪鱼沙拉里的蛋黄酱放多了放少了，或者埋怨她怎么能让干洗店多收了钱。可紧接着，71岁的他想都没想就返回了公司。后来她才明白过来，原来她喜欢听他抱怨蛋黄酱的多少，也并不介意他在家里吃午饭。

有一天早晨，安娜还未醒来，马丁起床后给她做了炒鸡蛋。

[1] 前者为法语词，是法国人常用的饭前祝词，意为"祝你胃口好"。后者是英语词，并不搭配，"bone"意为"骨头"，"appetite"意为"胃口，食欲"。——译者注

炒鸡蛋甜得很古怪，但她什么都没说；可不一会儿她就在垃圾桶里找到了一个空奶油盒，两个人差点笑岔了气。第二周的周末，马丁第一次带她去打高尔夫球。当年夏天他还带她去市里看了一场演出。可他一定万分想念电脑键盘、大大小小的会议和律师简报，因为退休后的第二年秋天，他就迫不及待地又回到办公室里忙起了工作，从此又是早出晚归。安娜的事业在二十来岁就达到了巅峰，随着身体变老慢慢下滑，渐渐变得力不从心。她28岁就退出了舞台，到一个舞蹈工作室工作了一段时间，又最终决定做一个全职太太，发展点业余爱好。所以，他重返职场的决定令她困惑不解。很快，她的膝盖就开始疼起来，还一阵阵恶心，接着她就开始看《常见病诊断大全》，然后医生就建议她做点“有意义、有规律”的事。

有时候，或者是在洗澡，或者是在开车，或者是在往洗碗机里装盘子，安娜就不禁会想，要是她去给马丁朗读会怎么样。她要用自己的眼睛为他服务，给他读速食汤说明书、未付的账单和法律书籍。她会对他说，你都眼花了，让我当你的眼睛吧。你拿的是奶油盒子，不是牛奶盒子。

星期三下午4点22分，安娜敲响了塞姆公寓的房门。

“你好，安娜。”塞姆说道。

“你好，塞姆。”安娜说道。

他伸手托住了安娜的手肘，“你的膝盖还好吗？”

“唉，不太好。他们说可能是溶血性贫血。”

“那可太糟了，安娜。来，快坐下，坐下说。”

她坐了下来。

“我太累了，我总是觉得累。早上睁开眼，我觉得累；晚上上床睡觉，我也觉得累。”她一边说着，一边看着他，他则望着她座位的左侧。

“你知道我是喜欢听你朗读的，但是，你要是觉得累的话，还有别的志愿者……”

“不，不用。”她打断了他的话，“我没事，真的。”

安娜从塞姆身边走过，坐在了沙发上：“我有没有跟你说过，想当年，我能做出黑天鹅的‘32圈挥鞭转’，一滴汗都不流。”

塞姆笑了笑。

“我去沏杯茶。”水壶需要先洗一洗，而安娜身上穿的是一条裙子，所以，当他在电脑桌旁坐下时，她的衣服已经整齐地叠好放在了椅子下面。

他看着她。她喜欢被他看的感觉。她喜欢幻想：马丁若是知道塞姆正看着赤裸的她，会作何感想。此刻，他正坐在公司的办公桌旁，游刃有余地处理着手里的事务，而他的妻子正赤裸着身子、分开双腿，坐在一个年轻男子的公寓里。

自从马丁回去上班，或者说自从她的膝盖开始疼、开始犯恶心，他们俩就没做过爱。但她的欲火跟20岁时相比未有丝毫消减。有时候，读完一个句子或读完一封信，她就停顿片刻，闭上眼睛，听着塞姆噼噼啪啪的打字声。塞姆看不见她干瘪下垂的乳房，看不见她枯萎的肌肤，看不见她稀疏干枯的毛发。所以，她就在想象中修正着现实。她喝着茶，把岁月的痕迹像衣服一样从身上脱掉。她还是25岁，她的肌肤依然光滑紧绷，她的头发依然金光闪烁，她的关节依然轻快灵活，她的声音依然清脆动听……

今天上午，她在衣橱里选择要穿的衣物。肩带最容易褪下，棉料和丝绸不会发出声音，半身裙和连衣裙穿脱方便，纽扣最不费力气。她的手指缓缓挣扎着，在隐隐的愉悦中将一粒粒光滑的塑料扣从衣服的扣眼里解开。然后，从脖子位置开始，她的手指划过锁骨，将肩带褪下肩膀，就像脱紧身舞衣一样。她一个句子接一个句子地读着，手却抚摸着自己的乳房，每读到一个句号、分号，再把它们放开。尽管如此，她还是体验到了前所未有的刺激。有时候，就在紧要关头，塞姆刚好转过头来看着她，她则惊得张大嘴，后背一阵疼痛，忘了自己读到什么地方，只是回望着塞姆，就像当初她在舞蹈学院时望着布瑞恩、在莫斯科时望着列夫、在新婚时望着马丁一样，心焦如焚地想要褪掉内衣的肩带、解开身上的每一粒扣子……

“要是我的梦还能往前走就好了。”

“什么？”

“我现在的梦总是往后走。有一天，你都不知道自己会梦到多么久远的事。”说着，她托起一只乳房，把它托到脖子位置。

“我都不知道梦还有前后方向。”他无神的双眼挤出一丝笑意。

“你笑话我。”

“安娜，我怎么可能笑话你呢。”他打趣道。她喜欢听他叫自己的名字。舌尖一卷，那两个字就从他嘴里飘然而出，仿佛是在告诉她：我跟你说话呢，我听着你说呢。

“我老是梦到以前的事，那些本来可以发生的事，本来应该发生的事，或者绝不该发生的事。而你呢，你是梦想以后的事。你还太年轻，塞姆。你现在还意识不到，你太年轻了。”

“我的梦里，只有声音、味道和材质。”他说道。

她沉默了一会儿，细细地看着他眯起的眼睛。

“是将来的声音，”她又把书翻开来，“将来的味道和将来的材质。”

塞姆并不孤单，或者说不是真正的孤单。他妈妈每隔几周就从新泽西过来看他；他的大学好友还有几个生活在这个城市。他们警告过他，不让他掺和什么“正常人”的慈善项目。他的大学，教室是没有光线的，键盘是盲文的，书是有声的，走廊里是有扶栏的。他的大学同学，都把导盲棍放在楼梯下面，彼此见面少不了摸手臂、摸脸。有的学生听不到声音，就把手贴在喇叭上，随着它的震动跳舞。恋人们溜回宿舍凌乱未打理的床上，凭着头发的气味、手腕的形状或呼吸的味道辨识彼此……有些晚上，塞姆还会坐在客厅里，喝着波尔多葡萄酒，回想着大学里那些已忘得七七八八的说唱乐。他不喜欢跟别人同住一间公寓，也不愿意让维斯切斯特的大学毕业生来当自己的保姆，何况他早就有生活保姆了。那些到家里来给他朗读的中老年女人，都将他当成某种善举。但安娜跟她们不一样，她从不问他学校的事，不问他家人的事，也不问他看不见是什么感觉。她并不关心他的私事。她只是敲门，坐下，然后开始朗读，一直读到声音沙哑或眼睛劳累，然后他们就静静地坐一会儿。她了解沉默的意义，就像他了解黑暗的意义一样，都避之唯恐不及。于是，每到太阳下山，手上的材料也都读完了。

塞姆坐在房间的一侧，他总是如此。三周过后，安娜已经摸透了他的行为规律，所以，她可以轻易地脱掉披肩而不会引起他的注意，还有毛衣、衬衫、米黄色的棉质内裤。三个月过后，她又有了新的套路。每到6点30分左右，她就借口去卫生间……出来时已是衣着整齐、心满意足。她回到空荡荡的家里，坐在厨房里等着马丁回家，那股好心情仍有余留。她甚至觉得没有马丁的陪伴，她过得更好。而与此相对的，她迫切地想在晚饭时问问马丁，问他的关节炎怎么样了，他的痔疮怎么样了，他今天过得有多好。

一天晚上，安娜在家等着马丁下班。这时她想象着，要是自己噎死了将会怎样。马丁下班回家，发现她死在厨房的地板上，桌子上的盘子里，放着一大块渗血的牛排，牛排的一边少了致命的那一大口。她的葬礼上，也许会放映幻灯片来回顾她的一生，就从剧场里跳舞那时开始；她的侄儿也许还会朗读一段自创的诗歌。葬礼的餐前小吃中绝不会出现牛肉。“你听说了吗，”人们会悄悄耳语道，“她是怎么死的？”“我简直不敢相信，”人们会啜泣道，“她竟然会死在自家厨房里。”安娜不禁想到，她死后，《时代》周刊是否会刊登一篇有关自己的文章，或者仅仅是在本县的日报上刊登一条一句话的讣告……这些孤独的夜晚，马丁还在办公室，女儿远在伦敦，家里的葡萄牙籍清洁工走了，干洗工也下班了，塞姆正身在某处黑暗里。每当这种时候，安娜就会幻想自己噎死的情形。想着想着，她就会获得一种负罪的满足感和一种久违的欣慰。但她不会就此作罢，她继续往下想。想着想着，最后却是将眼前的牛排切成细碎的小块，一块块送进嘴里，而嘴里的每一块牛肉，她都嚼得稀烂才咽下喉咙……

安娜给塞姆读了一张婚礼邀请函，脱下了袜子。

安娜给塞姆读了《噗之道》里的一章，解开了胸罩。

暖气出风口呼呼地吹着。

茶壶里的水咕嘟嘟地沸着。

到6点30分，安娜起身去了卫生间。

就这样，一周两次，已经过去了12周时间。安娜甚至也买了一本关于马来西亚文化的书、一本关于印度烹饪的书，还有一本关于中国道教的书。马丁每天下班回家，疲惫不堪，老态龙钟，却志得意满。安娜会跟他说干洗店的事，说金枪鱼沙拉的事，还有犹太教、基督教的一神论。但安娜的病还没好，她自己心里明白。她把得病的事告诉了马丁，马丁却说她太烦人，说她该找点事做来打发时间，说她的膝盖很好，恶心也很正常。

当天晚上，她很早就上床了，忘了给马丁准备浴巾，也没有给他备好吃药喝的水。她故意躺在了他的一侧，假装睡着了。半小时过后，她听到他叹了口气，绕到床的另一侧，在冷冰冰的床单上躺了下来。安娜把脸深深埋进枕头里，五官扭成一团。马丁却打起了呼噜，丝毫未感觉到双人毯子正随着她的抽泣而轻微起伏。

星期二晚上7点53分，安娜正在幻想自己噎死的情形，这时家里的电话响了。这个时间不该有人打来电话。马丁还没回家，她希望可别是某个业务员打来的推销电话，因为她从来都不知道该怎么挂断他们的电话，他们很可能以为她是对他们推销的东西感兴趣。也可能是马丁打来的，跟她说又要晚点回家了。她听着电话铃声一遍遍地响着，却不去接。她从来都不会立刻接他的电话，她不想让他以为自己是在等着他。

最后她还是拿起了电话，是马丁公司前台那个讨厌的女人。偶尔她会打电话来，说马丁得晚点回家，或者是在开会，或者是他的车发动不起来。所以，安娜很不愿意接到她的电话。她选贺卡的品位很差，还不知道节食减肥，胖得不像样子。

“喂？安娜，是你吗？”说完她沉默了片刻。她的声音有些滑稽。

“是我。马丁又要晚点回家吗？”

那边没有回答。

“喂？能听见吗？”这个新电话是马丁去年夏天才装上的，安娜很讨厌它，因为她都搞不清话筒到底在哪里。

“能，能听见。安娜……”她迟疑了一下，继续说道，“他们说，让我先通知你……再跟警察什么的说。我……我真不知道该怎么开口。安娜……马丁突发心脏病了。”

安娜咽了口唾沫。

“他在哪儿？哪家医院？上次他们送他去了皮姆布鲁克医院，他在那里留院观察了一晚。他接上机器了吗？我——”

那个女人打断了她的话。

“安娜，你没听明白。跟上次不一样。他按响了报警器，我们就打了急救电话，但他们到的时候，已经来不及了……他们尽力了……安娜……对不起。我不知道该说什么。”

安娜没有说话。

“唉……安娜……我……家里还有别人吗？”

“没有。”

“安娜……他们尽力了，真的。”

电话两端都陷入了沉默。十几秒钟过后，那边继续说道：

“你有汽车，是吧？呃，你能到医院来吗？”

安娜觉得喉咙发紧，听筒也随着手颤抖起来。

“我……”安娜的话哽住了，“我不能在晚上开车。”她无法思考，也无法呼吸。

“好吧，嗯……”随后安娜听到那边传来几个人模糊的讨论声，“我们派人过去接你。你在家等着，别出门。安娜……节哀顺变吧。”

安娜挂断了电话，呆呆地盯着眼前盘子里的牛排。一定是搞错了，前台那个女人是疯子。再过一两个小时马丁就会开车到家，又累又饿，带着对家的想念。安娜会给他炒鸡蛋吃，会去床上躺在他的身旁，还会给他读报纸、信件，或者是《常见病诊断大全》里的词条。他则会翻身滚到她这一侧，跟她久久地拥在一起。他会答应她，这次是真的退休了。他们会一起去打高尔夫球，一起做饭，一起去市里看演出；她会给他读记分板、读收据、读节目单……

安娜把盘子推开，低下头，又抬起，又仰起。她的脸在静默中扭成一团，渐渐变得麻木。她的双手离开桌面，慢慢地紧握在一起。她站起身来，走进客厅，又回到厨房里。马丁没有死，他不会就这么死的，人不能说没就没了。她把盛牛排的盘子又拉到面前，大块大块地吞食着，生生咽下满嘴的牛肉。一块，一块，又一块……直到整盘牛排都进了肚子，直到她的喉咙再也咽不下一点肉末。她没有噎死，却痛苦地捂住了满是皱纹的脸。

安娜走到电话前，拨通了塞姆的号码，却又立刻挂断了。

星期三下午4点42分，安娜敲响了塞姆公寓的房门。

“你好，安娜。”塞姆说道。

安娜看着他，没有说话。

“你的膝盖还好吗？”

“还好，”她答道，“还好。”

安娜走进屋里，坐了下来。

塞姆歪了歪头，轻声笑了。

“没有肺结核、贫血或子宫内膜癌？”

“没有，”她答道，“没有。”

塞姆沏了些茶，递给她一摞材料。

“今天要读的东西很多。有圣奥古斯丁[1]的两章，还有这些折价券。”

她给他读了一张汽车保险的广告单。

她给他读了一张沃尔格林[2]的折价券。

她给他读了一页圣奥古斯丁的哲学书。

塞姆的打字声停了下来。他看着她，仿佛是在听什么动静，或是在嗅什么气味，或是在尝什么味道，或是在感觉什么东西。

---

[1] 圣奥古斯丁（354－430），古罗马帝国时期基督教思想家，欧洲中世纪基督教神学、教父哲学的重要代表人物。代表作品有《忏悔录》等。——译者注

[2] 沃尔格林，美国最大的连锁药店。——译者注

“你还好吗？”他开口问道。

说着，他站起身来，走进厨房，来到房间里她坐的这块地方。在此前的朗读过程中，他可是从未离开过自己那一边。

“我在椅子上找到的，是你的吧。”说着，塞姆倚在她的椅子上，递给她一件米黄色的开襟羊毛衫。安娜小心翼翼地将其接了过来，不敢碰上他的手。

“谢谢你，塞姆，我一定是忘在这里了。”

塞姆不知道自己是不是正看着安娜的眼睛，他从来都摸不透她。他只能猜测、怀疑、推测，直到最后却告诉自己说，是你太蠢，太以自我为中心，太不正常。

“安娜，”他一边说，一边慢慢地、迟疑地探出一只手，搭在她的肩上，当感觉到手指下面的亚麻面料时，不由得轻舒了一口气，“你真的还好？”

安娜点了点头，她知道他能感觉到她点头的动作。接着她拿起书来，摆脱了他的手。

“我很好，塞姆，真的。”

她听着茶壶里煮茶的声音，又想到了他们两个人共有的味觉、嗅觉和触觉感受，闻起来像肉桂，尝起来像烟熏的蜂蜜，茶杯挺烫手……“我跟你说过吗？想当年，我能做出黑天鹅的‘32圈挥鞭转’。”

“没有。”塞姆走回电脑桌旁，继续打字，“你从没跟我说起过，安娜。那可真了不起。”

于是安娜继续给塞姆朗读。她朗读，他就将她的声音变成点字语言。她知道，这种语言，他能从蒸汽里读出来，能从茶里读出来，能从书里读出来，能从他的身体里读出来，还有墙上的画、屋里的书架、音乐、空气……

安娜把杯子放到水槽里，然后说去卫生间，却轻轻转身，向相反的方向走去，不让他听到。但她知道，在她咔嗒一声关上公寓门的时候，他就已经明白——她不会再来了。她知道，因为她衣服下面遮住的，是干瘪下垂的乳房和曲张的静脉。她知道，因为他能听见她的泪水落在书页上，就像密密的盲文点字。

天 真

我跟丹尼吵得最厉害的一次，是源于他一个荒谬的说法。他说，中学里流行的在唱《祝你生日快乐》时每唱完一句就加上一句“嚓——嚓——嚓”是他的首创，他说那是他六年级时在新泽西的“查克芝士”[1]灵光一现想出的主意，然后就在1993年风靡全美了。

“是我发明的！”他一脸正经，愤愤不平，“真的，是我发明的，不信你到蒙特克莱尔学校去问问！”

“丹尼，那不是你发明的，太荒唐了。”我也一本正经地对他说道，“我不想再说这件事了。”

“不，不，不行。听着，我不知道你为什么觉得不可思议。这事总得有人开头吧，总得有第一个这么唱的孩子吧。我跟你说，那个孩子就是我。就在艾略特·格罗斯曼的生日聚会上。你

[1] Chuck E. Cheese美国连锁儿童游乐餐厅，经常有孩子过生日时在这里聚会。——译者注

可以随便找个人问问。”

“又来了。”

“什么？”他把玻璃酒杯放在了桌子上。

“没什么，只是……你总觉得自己发明了这样那样的事，那只是你一厢情愿的想法。”我一边说着，一边在橱柜里找那袋金鱼饼干。

“你竟然不相信我，气死我了。”

“能看出来。”

“啊——真气死我了！”他的眼里满是沮丧和愤怒。我从未见过他这副样子，却不知为何心里有种满足感。我坐在沙发上，打开了笔记本电脑。

从那以后，只要是聚会上有人托着生日蛋糕出来，或去餐馆参加某个兄弟姐妹的生日宴，他总会悄声嘟囔着“嚓——嚓——嚓”，或是挑动大家一起唱“嚓——嚓——嚓”。

我们俩静静地坐着，我知道他心里不满。

“有时候，我恨你。”他开口说道。过了一会儿，他走过来坐在我身边，把我的头压在靠垫上，轻吻着我的双眼。

之所以要在一开始提到这件事，是因为在我们的关系中，快艇骰子游戏[1]的分量很重。

---

[1] 快艇骰子（Yahtzee），是由Milton Bradley公司（现属孩之宝）发明的一款骰子游戏。游戏使用投掷五个骰子判断得分，第一次投掷后可以两次选择重新投掷部分的骰子，最后由骰子数字的组合来判断得分。如果某次投掷出的骰子都是相同的数字朝上，就是“压死”（Yahtzee），得分最高。——译者注

我们一共六个人，另外五个是：丹尼、长胡子的诺亚、柔弱的埃里克、年长的艺术总监瑞奇，还有奥利维亚。我讨厌奥利维亚。丹尼又开始他的夏季演出了，我则是开车过来看他们最后一场表演。瑞奇在普罗温斯顿[1]有个避暑小屋，在演出结束、剧组人员庆祝过后，我们几个要到那里去玩通宵。到剧场之前，我买了一只龙虾吃。一边吃着新鲜的虾肉，一边看着眼前度假的人们，他们从沙滩车里下来，将冲浪板倚在车旁。

那场戏很烂，原因有两个：一是剧本太烂；二是吻戏太多。舞台上，丹尼和奥利维亚咯咯笑着，两人的眼睛相隔咫尺，丹尼拉着她的腰带扣，抚弄着她的耳垂——这些示爱的动作都是我教他的。我通常不会在意他在舞台上跟女孩接吻，但我讨厌奥利维亚，从他们手拉手登上舞台那一刻开始，我的心底就涌起一阵恶心。她有些男孩子气，跟个美貌的伪娘似的，那副假小子样儿令我心里不爽。

聚会上，她穿着一件T恤衫，并不合身，也没有什么品牌标志；头上戴了一顶棒球帽，上面是新奥尔良一家鱼饵店的名字，字是亮橙色的。她喝瓶啤，跟男孩们嘻哈取闹，他们没察觉到每次她开口说话，他们都会立刻住口听她讲。今年夏天我看过她的照片好多次，每当晚上丹尼不给我回短信的时候，我就想象着他

[1] 美国马萨诸塞州的避暑胜地。——译者注

们一起排练，排练过后在沙滩上一起喝啤酒、抽烟的情形。

“让她看看那幅方形鸡鸡的画！”奥利维亚笑着说。我们跑上一个没有扶栏的楼梯。“瑞奇的合伙人是个画家，”她解释道，“他画了一幅方形鸡鸡的画。”

“没什么好看的，没意思。”瑞奇跟我们一样，已经醉醺醺的了。

“不，瑞奇，有意思。”诺亚说道，“太有才了。”

“滚一边去。”

“真的！”瑞奇的房子很古老了，装修得却很不错。墙上满是从军用品商店里买来的标牌和纪念品，都已锈迹斑斑。我们最后找到了那幅画，大家纷纷跪倒在地。我尴尬地站在那里，不知道是不是该跟他们学。

“都滚出去。”瑞奇拍了埃里克后脑勺一巴掌，说道，“你们不懂什么叫艺术。”

“不，”丹尼说道，“相信我，我们懂的。”

“别当着女朋友的面给自己丢脸，知道吗？”这是他们剧本里的一句台词，听到这里，大家都乐疯了。奥利维亚笑得滚倒在地。我突然涌起一阵怀旧之情，想起了中学的好友，还有那些不分彼此、无忧无虑的日子。诺亚把她拉了起来，我第一次看清了她T恤衫上的画：上面是一只骑自行车的恐龙，下面是一行字：霸王龙修好了又弄坏了（REX’S FIX UPS AND MIX UPS）。看起来有些眼熟。我记得曾有人讲过一个关于这只恐龙的笑话，笑话它的小短手抓着自行车车把的滑稽样子。诺亚跟埃里克下楼去抽烟，大家陆续下楼了。我把手伸进丹尼的衣服口袋里，将他拉到身前。

“嗨。”我说道。

“嗨。”他笑了，“我爱你。”

“我也爱你，过来。”我把他拉到角落里，一起倚在书架上，额头抵在一起。从7月份算起，我就没见过他，而跟大家在一起怎么都不像是两人相聚。

“我想你。”我说道。

“我知道，”他说道，“我爱你。”我们吻在一起，但我能看出来，他很想下楼去。

“你今晚的表演很不错，你知道吗？你演的那个父亲，你表现得很到位。”

“谢谢。”我们对视着。我是真心在夸他，他也是真心感谢我。“我是说，这个剧本身就很烂。但是，谢谢你的夸奖。”

“不是的。”

“就是。”我们再次对视，又一起露齿而笑。丹尼很少会承认这种事，我的心里泛起一阵爱意。我想跟他躺在一起，钻进他的怀里，久久地脸贴着脸，以消解我对他的思念之情。我想这样做，我想告诉他，我想离开这栋房子，跑进车里，跟他一起到高速公路上去，远离这些我不认识的人。丹尼看着我，细细地打量着我，双手握住我的肩膀，好像很惊讶。

“啊，天哪。”他说道，“我想你，我太想你了。”他的眼神很悲伤，他亲了亲我的鼻子。他好像是刚刚意识到对我的思念，刚刚把电话里的倾诉变成现实。

“很好。”我说道。我并不伤心，却有些担心，因为我得把他再拉回两人的卿卿我我状态里来。我担心的是他更愿意跟朋友们在一起，而不愿跟我回家看电视、吃夜宵、爬到乱糟糟的床上一起睡觉。

我们俩很合拍，真的。我们真的在某些方向有共同语言，我们喜欢同一支乐队，我在大学时也曾演过戏剧。我们相识在一个聚会上，立刻就发现了彼此的吸引力。当时我跟一个朋友走进了没锁门的卫生间，正好撞见他在用公寓主人的漱口水漱口。我们都觉得这件事很搞笑。聚会上，他总是一边跟我眼神接触，一边逗我，我很喜欢。后来我们一起回到他的住处，我对他说，我已经退出剧团了，因为戏剧并非我的第一选择，并且我也不太会演戏。他则说我太谦虚了（丹尼总是喜欢拍我马屁来讨好我）。而这是我第一次，也是唯一一次在地铁上跟人亲热。

“你知道吗，‘书本’乐队下周要在‘展望公园’开演唱会，”我对他说道，手仍揣在他的口袋里，“咱们该去看看。”

“当然。”

“之前先去那家越南餐馆吃饭。”

“当然。”露天阳台上，遮阳伞的金属伞柄被风吹得咔嗒作响，我想象着外面黑夜里一望无垠的沙滩，还有我们看不见的起伏的巨浪。可是一想到布鲁克林区，那件恐龙T恤衫又浮现在我的眼前。我想对他说，却没有说出口。我记起来了，那个商店在迪恩街上，那件T恤是丹尼的。

这时楼下传来一阵喧闹声，好像是埃里克弄洒了什么饮料，而奥利维亚正大声笑他。

“我杀了你！”她高声叫着，“Homo——Homo[1]！”椅子倒了，好像有东西掉到了地上。“Homo——我吃了你！”丹尼开始还强忍着笑，却一下子没绷住，哈哈大笑起来。

“对不起，”他说道，仍咧嘴笑着，“对不起，真是……对不起。”他想要板起脸来，却怎么都做不到。

“不要紧。”我朝他笑了笑，说道，“没事的，咱们下去吧。”

我亲了他的脸一下，然后我们就下楼了。窗外，阳台上的遮阳伞仍在风中咔嗒作响。

而直到我们走到楼下，见到满屋的古董和喧闹的演员，我才真正意识到自己对奥利维亚、对她的棒球帽有一种无法忍受的、荒谬的蔑视。

第二天，我又去看了他们的戏剧。今天他们的戏是日场，所以上午11点大家才带着宿醉从瑞奇的房子里离开，去了剧场。昨天晚上我们都太累了，脑子都糊里糊涂的，所以我和丹尼早上醒

[1] 同性恋者。——译者注

来做了一次，拖到最后才去厨房吃早饭。在去剧场的路上，我又买了一份龙虾外卖。它的螯探了出来，搭在了快餐盒的外面，我喜欢这副样子。这次我还是坐在观众席的后面。戏开演了，剧场里的灯暗了下来，我却觉得心也沉了下去。丹尼穿着戏服，很帅气，挺时髦，牛仔裤很显身材。

当天下午，身在黑漆漆的戏院里，坐在天鹅绒椅子上，听见周围的老年人边看边笑，我突然很想打架。在此之前，我从不觉得自己有暴力倾向。上高中时我谈过一个男朋友，他在一次地下室聚会上跟人打架，我记得当时是我开车送他回的家。在车上，我一句话都没说，完全无法理解他为什么会莫名其妙地给了乔伊·卡尔顿的脸一拳，只为后者说了些迈克和AJ的坏话。但现在我理解了。丹尼和奥利维亚太有魅力了！在戏中，他们俩初吻的那一幕里，他轻轻地搂着她的后腰，她的手指拢着他的头发；在戏中，他们深情对视，满面笑容；他们告白，吵架，和好，哭泣，再次亲吻……我想照着奥利维亚的脸狠狠地揍上一拳，再把她撂倒在地，踢她的肋骨，把她按在墙上，扯着她的头发，再朝她的眉心揍上一拳……观众们一边看戏一边笑，我却一边看一边幻想以上情形，幻想着自己跑到舞台上狂殴奥利维亚。别的什么都没有，只是狂殴。去你的，我会边打边骂，去你的，你的傻蛋衣服，你的臭屁态度；看看你跟别人说话时那副模样，好像别人都多么喜欢你一样；你离丹尼远一点，你要是再跟他说话我就宰了你，我真的会宰了你。

幕间休息时，我走到了剧场外面，坐进车里，因为我不愿到演员休息室里跟他们说话。我隐约觉得自己的情绪就要失控了。果然，刚把车门关上，我就哭了起来。我趴在方向盘上啜泣了一会儿，接着坐起身，不哭了。我给同城的五六个朋友发了短信，都是一些闲聊，如“工作怎么样”或“我真想宰了这个跟丹尼一起演戏的女孩”。每当感觉孤独的时候，我就喜欢乱发短信。这个习惯很奇怪，有点强迫症的意思，却很有效。我等了一会儿，等着大家给我回短信。我把后视镜调低，一边用食指关节揉着颧骨，一边吁气调整着呼吸。这时我妹妹回信了，我的朋友塔拉也回信了，我立刻给他们回了短信。

整场戏的下半场时间里，我一直在提醒着自己，跟奥利维亚相比，我还是有很多优点的：我比她瘦，我的眼睛比她好看，我的学校比她好。

我不知道自己这是怎么了。我们刚刚认识的时候，丹尼就是剧团里的演员（他为此而奋斗），我曾见过他在舞台上吻过很多女孩。我想，可能是这个夏天过得不太顺心的原因吧。科德角[1]北部地区的手机信号不太好，所以有时候我会坐在办公室里，纳闷他这一天到底在干什么。这种妒忌是双重的，既妒忌他身边的女孩，又妒忌他在这段时间里在干什么——白天嘻嘻哈哈地排练，晚上去“流浪者”酒吧打发时间。每次打电话他都会兴致勃

---

[1] 美国马萨诸塞州南部巴恩斯特布尔县的钩状半岛。——译者注

勃地说到这家酒吧。“太好玩了，”他总是说，“里面有一伙当地的老顾客，太搞笑了，还有几支乐队，大家都能玩到一块儿去，你知道吗？真不骗你。”“是啊，”我一边跟他通电话，一边坐在床上吃沙拉，“听起来很不错，8月我过去的时候你一定要带我去看看。”“当然，”他答道，“我都等不及了。”

他们的戏结束后，我们俩一起吃了晚饭，又在内陆的沙丘上做了次爱。丹尼把车停在6号公路旁边，那里有一棵松树，上面挂着一个橙色的塑料旗。

“这边来。”他一边说，一边领着我穿过一片小树林，“我跟你说，这地方你绝对从没见过。”

果真如此。从乱蓬蓬的树林里走出来，眼前是一片宽阔的沙坑，坑沿上长着茂密的草丛。太阳还未完全下山，但蟋蟀已经开始叫了，斑驳的草坪上四处都是远近高低的虫鸣声。微风吹过，把我辫子上的头发吹到了脸上。丹尼展开双臂，迎着风身子前倾。

“这里好吧？”

“嗯。”我说着，拉上了运动衫的拉链。

“我们经常晚上过来玩。”他说道。说完他就几步跳下沙坑，脚步带起几块缓缓的沙流。我跟在他身后跳了下去，尖叫着，最后落在沙坑底部一块沙堆上，接着倒下身子，滚到他的身旁。

我们俩同时来了兴致，就又做了一次，衣服都没来得及脱。

完事以后，我平躺在他的身边，看着天上稀薄的云彩。我想，从上面看下来，我们的样子一定很可笑——躺在地球上一个碗状的大坑里。接着我又想到，要是地球上每个火山坑的正中心都躺着一对恋人，抬头看天，那是一副怎样的情形。

“你跟奥利维亚来过这儿吗？”我一边问，一边捧起一把沙子，又让它从掌缝中漏下，堆成一小堆。

“当然，”他答道，“我们都来玩。”我知道自己妒忌的样子很不可爱，也知道丹尼会觉得我信不过他，但我还是忍不住要问。

“哦，你单独跟她来过吗？”

他转过身来看着我。

“我和奥利维亚是朋友，”他说道，“我们干什么都在一块儿。”

“就像……每天晚上都接吻。”

“那是在舞台上，是演戏。”我没有作声，他坐起身来，“你不是认真的吧，嗯？”

我平复了一下，把运动衫拉到头上，遮住了脸。

“我讨厌她！”我的声音从衣服里穿过，呜呜地。我又把头伸了出来：“我讨厌她，我讨厌她。”我笑了，而笑容也的确起了效果，刚刚被我引起的紧张气氛又瞬间消失了。

我们在静默中躺了一会儿，但最初的气氛已经全毁了。我知道丹尼是怎么想的，我也知道，我这么做只会减少他对我的好感而更喜欢奥利维亚。我突然又有打人的冲动，无法克制。我翻过身，亲了他的脖子一下。

“你还记得她昨天穿的那件T恤衫吗？”

“谁？奥利维亚？”

“嗯，”我顿了顿，“是你给她的？我记得那是你的T恤。”他又坐了起来，这次一脸严肃。他双手按在我的膝盖上，捂住了我的手。

“听着，”他说道，扬起了眉毛，“我爱你，好吗？”

“我知道。”

“我不是在哄你。”

“我知道，”我说道，“对不起。”蟋蟀还在叫着，我站起身来，抖落后背的沙子，“只是因为——我爱你。”

他看着我，将我散在脸颊上的头发拢到耳朵后面。

“我也爱你。”他说道，可到底没有回答我的问题。

快艇骰子游戏就是当天晚上玩的，就在他们演完戏之后。尽管丹尼一再劝我，但我还是去看了第三场。开演前一个小时，我先去了“佩妮帕奇”，这是韦尔弗利特湾边上村子里一家老糖果店。我吃了一块巧克力软糖，一块奶油胡桃糖，三块咸味太妃糖，然后意识到自己的担心是荒唐多余的。我跟丹尼一起吃晚餐；我们在浪漫的沙坑里做爱；我们的恋情从24岁就开始了；我跟他的父母一起去过明尼苏达；他参加了我祖父的葬礼。奥利维亚性格古怪，大嗓门，假小子一个，他们喜欢她因为她是剧团的一员，她还喝啤酒，戴着傻乎乎的帽子。明天我就把丹尼塞进汽车，驶上高速公路，回到纽约林立的高墙里。

同一场剧连看三次也够可笑的，而这次我幻想的是丹尼和奥利维亚在台下幕后会怎样：上场前互相祝福好运，在舞台一侧厚厚的黑幕布后面紧握着对方的手，幕间休息换衣服的时候瞥见彼此只穿着内衣的样子……

戏剧结束时，我表现得非常淡定。我跟观众们一起起立鼓掌，在奥利维亚出来谢幕时向她表示了祝贺。我甚至还朝丹尼抛了个眼神，他觉得很好玩，或是假装如此。散场后，全体演职人员一起聚会，就像夏令营最后一晚的狂欢一样。我们挤进车里，一起去了“流浪者”酒吧，那里的酒客和乐队果然跟丹尼说的一样有趣。我喝了很多鸡尾酒，而丹尼一定是很在意我在沙坑里说过的话，因为整个晚上他一直都在关注着我。明天就要离开了，大家都带着点末日狂欢的意思。我决定将科德角记入我的讨厌名单里，跟它的夏季女主角（奥利维亚）一样。明天我就跨过那个铁桥离开这里了，而在此之前的每一个小时都让我觉得头晕目眩。

我们六个人跟前一天晚上一样，最后仍是去了瑞奇的小屋。除了瑞奇之外，还有丹尼、长胡子的诺亚、柔弱的埃里克、奥利维亚，以及我。我们又跑到楼上，跪在那幅方形鸡鸡的画前一番“膜拜”，瑞奇则爬上楼来把我们都赶了下去。兴奋和幼稚搅在一起，我则是一边怨恨自己为什么会羡慕他们田园诗般的颓废，一边暗自断言他们的欢乐只是蓄意装出来的。埃里克把我们都赶进厨房里，让大家一起玩喝酒打耳光的游戏——就是喝一口酒，然后被人扇耳光。他说很好玩，但瑞奇不是很懂游戏规则，其余几个也累到没什么兴趣，结果最后大家都在无聊地闲逛、翻箱倒柜。

“骰子，”诺亚一边毫无缘由地把冰箱的门打开又关上、打开又关上，一边说道，“骰子！”

“对啊！”奥利维亚附和道。就这么定了，丹尼和诺亚去准备快艇骰子的用具，瑞奇则拉着埃里克去清理桌子，我去把酒杯放到洗碗池里，却一下子停住了。我突然意识到，奥利维亚还在厨房里，我们这是第一次单独在一起。我看了看她。

“再来一杯？”她开口问道，样子很随意。

“不了，谢谢。”我答道，仍站着一动不动。一阵尴尬的沉默。

“喜欢这种酒吗？”她又问道，捻着手指上的戒指。

“还行。”

“真的？我觉得有点甜。”我们对视了一下。我走到洗碗池前，将酒杯放了进去。

“给。”说着，她把她的酒杯递给了我，我把它跟我的酒杯并排放在了一起。她是蓄意如此，举止非常干净利落。就在一刹那，我突然明白过来，奥利维亚深深地关心着丹尼，否则的话她早就离开厨房了。整个周末我都在留意她，却发现她也在留意着我。我有种恍然大悟的感觉。

“你们演得很好，知道吗？”我小心翼翼地试探着，“角色都很到位。”

“谢谢，”她说道，“丹尼跟我说，你以前也演过戏。”

“嗯，是的，不过结果不太满意。我想要……更长远的东西。这个词好像不大贴切。”我们俩又对视了一下，奥利维亚的脸上绽出一个笑容。这是我整个周末见她笑得最夸张的一次。

“怎么了？”我有些不满。

“没什么，你跟丹尼太像了——你说话的样子，还有你的表情。”不知怎的，她的话听起来很刺耳，我又忍不住想把她的头按在墙上打她一顿。她继续解释道：“我的意思是，你决定退出剧团去干别的事，是很明智的。戏剧行业不太景气，尤其是最近。还有，说实话，要是我们做得真好，也不会是现在这个样子了。”这话说得太不合时宜了。

“丹尼想做好，”我立刻反驳道，“我知道的。”

奥利维亚惊讶于我的反应，她侧着脸看了看我，知道我说的是心里话。“我是说，他很有演戏的天赋，你觉得呢？”

“当然，”她答道，仍在揣测我的心思，“他很出色。”

“对吧。”

我笑了，局势好像有了转变。丹尼一直都是我这边的，他必须是我这边的，没必要为此寻找证据。也许是酒精的缘故，也许是因为太累了，反正不知道为什么，在这一刻，我突然对丹尼有了从未有过的信任。我扬了扬眉毛，走出了厨房。

我们俩从厨房里出来时，发现快艇骰子游戏已经准备好了。埃里克正在往外拿骰子，瑞奇在四处找笔准备记分，诺亚正在卷烟。

“你们知道吗？我在中国台湾的时候，跟我住在一起的那些人整天都玩这个，他们随身带着骰子和骰盅，我都不明白规则是什么。他们什么都赌，大米、鸡，没有不赌的东西。”说着，他在手指间转动着烟叶，舔了舔卷烟纸将其卷好。

“伙计，别再说台湾了，跟没见过市面似的。”说着，丹尼撕下一张记分卡放在身前。

“我见过世面。”

“那不重要。”说着，丹尼看了看奥利维亚，两个人会意地一笑。

“诺亚去年夏天是在台湾过的，”奥利维亚跟我解释道，“你要是运气好的话，他没准会给你看他拍的800万张照片呢……不过很难熬，因为你只有亲身去过那儿才能真正理解……”

“啊，去死吧你们。”诺亚说道。他卷好了烟，大家都聚到了桌子边上。

“坐吧。”奥利维亚说着，为我拉开一把椅子。我坐了下来，却不喜欢她现在对我说话的态度，好像我们是朋友似的。

于是大家就开始玩快艇骰子。开始时进度很慢，但稍稍清醒之后，游戏的速度就快了起来。看来他们熬夜的时候常常是以这种游戏结束的，而他们设法投出三个同点数骰子的策略比我要强很多。游戏的竞争性很强，丹尼、奥利维亚、埃里克一边盯着彼此的记分卡，一边计算着谁会得到35分的奖分。

“5，5，5！”诺亚大声念叨着，用手掌捂住红色的塑料盅盖，用力晃着。接着他将骰子倒了出来，大家都凑过去看。他这次摇出了一个5，接着他把其余的骰子又装回骰盅里，晃了起来。

“5，5，5！”这次他又摇出一个5。

“每次摇骰盅都瞎叫唤，再吵我就宰了你！”丹尼说道。

“可是真灵的！”

“去你妈的。”

诺亚第三次摇出了两个5，就高兴地站起来跟埃里克击掌庆祝。“唉——咦——咦！5啊5！”轮到丹尼了，他抓起骰盅，却只摇出一个小的顺子。这一轮他输了，他不大高兴。

游戏慢慢地进行着，大家边玩边讲故事。已经很晚了，可要去睡觉的话，明早醒来大家就各奔东西了，所以我们就继续玩。明天距离我们越来越近，而我的愤懑也慢慢变成了冷漠，终于可以开车离开这里，不用再受这种折磨了。

就是在那一刻，我看到了丹尼的另一面。

当时诺亚正在讲故事，说的是他在皇后区一个仓库里演《奥赛罗》，在他上台前，一个演员搞了个恶作剧，把他的水壶里装上了伏特加，结果他上台后在跟伊米莉亚[1]的对手戏里喝的就是

---

[1] 《奥赛罗》中的一个角色。——译者注

烈酒。瑞奇对这个故事大感兴趣，大家都看着诺亚一边讲述，一边拿手里的威士忌和可乐演示当时的情景。连我都忍不住笑了起来，同时转头看了看丹尼。这时他刚好最后一次摇出骰子。要是我早一秒钟转过头或晚一秒钟转过头，都不会看到他的动作。似乎冥冥中自有天意，就在我转头看他的时候，他飞速地伸手拨了一下桌上的骰子，将一个2变成了4。就这样：拨了一下骰子，手又立刻缩回膝盖上。他的动作很快，很微妙，却说明了一切。真的，我什么都明白了。

“压死！”他高声叫道，站起身来，朝着诺亚咧嘴笑着，“压死！”

“浑蛋。”诺亚很不服气。

“丹——尼——”奥利维亚假装哭泣。

“他总是赢，”埃里克吸了最后一口烟，说道，“你们都是废物。”

丹尼兴高采烈地左右晃着膀子，跟跳舞一样。

但在一瞬间，一切都变了。我很震惊。我无法相信自己的眼睛。我的胸膛好像被刺穿了，体内的空气都泄了出去。我看着他，既惊骇又伤心。我无法理解他的做法。这只是个游戏，本无关紧要，赌注也很小。我是绝想不到也绝做不出这种事的，但他轻轻松松就做得出来，没有丝毫犹豫。接着，我突然意识到，其实他一直都是这样的。

有时候我禁不住会想：要是我没看见他拨骰子的话，是否会是另一番情况；如果我当时多看了几秒诺亚的胡须或他脸上的笑容，或喝了一口杯中的酒，结果会怎样；如果我没忍住，开口说出了他作弊的事将会怎样；如果我站起身来，瞪大了眼睛，当众谴责他作弊，结果会怎样；如果我当着他的红颜知己和好哥们的面羞辱他、逼着他认错，结果会怎样。

但拆穿他的意义不大，他永远都无法理解，他手腕的轻微移动是怎样地烙在了我的心上；他永远都无法理解，我感受到的是彻彻底底的消沉、欺骗和背叛。

当天晚上，我几乎再没说话，只是呆坐在椅子上。晚上睡觉时，当他压在我身上的时候，我也是僵着身子，毫无反应。睡觉前，他问我是不是有事，我懒得理他。

“你还在为奥利维亚的事不高兴？”他问道，我差点笑出来。奥利维亚其实什么都不是，我想对他说。这就是一场闹剧，仅此而已。

第二天太阳刚刚升起，海上刚刚落潮，我就醒过来了。我把裙子和平跟鞋整齐地放进包里，走下楼梯，出了门，走进科德角新鲜的空气中。回纽约车程感觉很短，我一路未停回到市里，进门，上楼，关手机，长长地睡了一觉。

我记得曾跟妈妈解释过为什么那次快艇骰子游戏意义重大，但她不理解。当时我们俩在“布里克”餐厅吃午饭，我使出浑身解数想让她相信我过得很好。她大老远从宾夕法尼亚州开车来看我，但我只把话题限定在我妹妹的嫂子，还有奥斯卡的奖项提名上面。午饭期间，外面下着瓢泼大雨，到她结账时才停，窗外的雨篷上仍滴着雨水。我们打算下午去逛大都会博物馆，但想想都累人。我能想象自己手拿宣传册子，从大大小小的展厅里进出，越来越心不在焉的情景：我读大理石墙上的介绍，脑子却停止转动；我想找个长凳坐一坐，我口渴。外面，骄阳似火，大群的游客忍着灼热的阳光，在外面排队等待进馆。我想回家，钻进床里，至少也要坐下歇几分钟。可我不能那样做，那样的话我会不好受、会沮丧……正想着，服务员回来拿账单了。可能是用餐的人里有人过生日，另一个服务员拿着一个点着蜡烛的蛋糕从我们的桌旁经过。

嚓——嚓——嚓，我不由得想道，嚓——嚓——嚓。

从那以后，只要是聚会上有人托着生日蛋糕出来，或去餐馆参加某个兄弟姐妹的生日宴，他总会悄声嘟囔着："嚓——嚓——嚓。"或是挑动大家一起唱："嚓——嚓——嚓。"在我们的结婚晚宴上，当进行到切蛋糕环节时，丹尼朝我使了个眼色，我们都知道他心里在想什么。我妈妈常说，年轻时一切都是那么绝对，真是太神奇了。可沙坑边上的沙子终会像瀑布般倾泻而下，直到将其填平。杂志上说，这都是必然的，可我们都摇头不愿相信，只是带着淡淡的忧伤思念着那片草地和其间的蟋蟀。在随后的日子里，一直如此。

翡翠城[1]

收件人：Laura.Kenzie@gmail.com

发件人：William.Madar@CPA.Kellogg.gov

时间：2003年6月16日22:56

主题：快要热化了！（绿区[2]的气温高达42摄氏度）

亲爱的劳拉：

从今天开始我不打算再配枪了。说实话，也没什么必要。我们只不过是在杞人忧天——在巴格达的园林里匍匐前进，仿佛地

[1] 翡翠城，源于童话故事《绿野仙踪》，是“绿区”的昵称。——译者注

[2] 绿区，位于巴格达市中心卡尔赫区，面积10平方千米，是联盟驻伊拉克临时管理当局和拉希德大酒店所在地。——译者注

里的种子都是地雷，地上的烂梨会炸断我们的腿一样。沃尔夫在大街上还随身带着他的M-9手枪，荷枪实弹的样子很像是漫画书里的英雄（CPA[1]的呆子们很享受战争带来的荣耀）。我却对当兵没什么热情，这一点你也知道。当初不去当兵可能是我这辈子最明智的决定了。我对这里的浪漫幻想在柏树开花和他们重新开放绿区游泳池以前就破灭了。上帝啊，我在一个安宁地带的宫殿里，在办公室里吃着阿富汗的香蕉。可外面，还有人藏在石墙后面、躲在暗处，准备启动身上的爆炸装置。

我很想你，如果这么说有意义的话。这里有条河，劳拉，就从萨达姆的雕像、纪念碑以及其他大理石建筑旁边流过。阿拉伯人叫它“Dijla”，但是波斯[2]以东只要是读过《圣经》的人都知道它叫“底格里斯河”，就从美索不达米亚平原的沙地里穿过。也许，在人类文明里刚刚出现文字的时候，它是最先有了名字的东西吧。天热的时候，要是当值长官不在，士兵们就会让我们几个坐在河边的防爆墙上乘凉。沃尔夫和迈克尔喜欢一边喝着啤酒一边笑话“得州人队”[3]，或是谈论大学里的事情。可我一看到那水面，就立刻想到了新罕布什尔，想起我们一起坐在码头上，

[1] CPA，即联盟驻伊拉克临时管理当局，是指2003年3月20日伊拉克战争爆发后，由美国政府成立暂时履行管理伊拉克国家事务、负责伊拉克重建和人道救援、重建伊拉克政府的临时机构。——译者注

[2] 伊朗的旧称。——译者注

[3] 美国全国橄榄球联盟的一支球队。——译者注

想起你身上蓝莓和凤梨的香味。

劳拉，我太任性了！不过，我觉得你早就习惯一遍遍原谅我不羁的性格了吧。这些话要是让那些当兵的看到，一定会笑掉大牙的。让一个瘦猴样的建筑师来重新规划伊拉克，也真够搞笑的。不过，（从理论上说）能为这个世界做点什么真的挺好。整天设计停车场和乏味的工业园区，我早就受够了。

说实话，我不知道该说什么，真的。这些天绿区都很安宁，对我们这些CPA承包公司的文职办公室奴隶来说尤其如此。也许我该假装是一个迷失了自我的中尉，前胸口袋里装着你的照片，在外面狙杀恐怖分子。

基本上，我们都是在熬时间。整天穿着拉链裤，浑身大汗，窝在占领区里有空调的地方。他们终于把我所在的部门从酒店办公室里挪出来了，转移到了萨达姆宫殿里被占用的核心区域（现在里面住着的都是外交官和势利的政客）。不过我还是住在拖车里，除了热一点之外，别的倒也没什么。我在拖车里搭了一个书架，还想办法从一个在厨房工作的朋友那里买来一个咖啡壶。乍看上去这里很像是欢乐谷，修剪整齐的草坪，一排排棕榈树，首尾连贯的拖车。甚至连公路上的情景都有点离奇，一辆辆悍马都慢吞吞地开着，严格遵守着绿区内每小时35英里的限速令。

工作还是老样子。我被正式任命为“房屋重建和再分配部门”的副秘书长了，但头衔在这里没什么意义。我终于要有自己的翻译了（谢天谢地）。我想，伊拉克人也开始明白了，这事不是一朝一夕就能结束的。上周我跟沃尔夫到绿区的复合建筑群里检查什叶派居民的情况，我们发现几乎每家每户都打好了行李包裹。有一个女人正在行李箱上煮豆子，她不许孩子解开背包。她只是一个劲儿地搅动着罐子，搅啊搅啊，一边搅一边摇头。沃尔夫给她孩子几块糖，但她又扔回来了。回来后我查看了一下她的资料，原来她的丈夫死在了美军的轰炸中。

这些人不懂，劳拉。他们不明白，我们的拖车在明年9月份以前是不会离开的。还有，我觉得CPA好像也没搞清楚这一点。我开始想，我们在这里可能还要度过很长一段时间。我总是会想起家乡的蓝莓和凤梨，而一想到可能要在这里久留，我就很难过。

劳拉，下面这些话可能有些唐突，我提前给你道歉。我知道咱们说过先不要确定关系，可是你没参加我的送行派对，我不知道该怎么想。要是你不愿收到我的信，我就不再写了，真的。你知道我想你就行了。你知道你是我在外面世界的牵挂就行了。

曼哈顿热吗？还没被初夏旅游的日本人占领吧？我很想多跟你说说这个奇怪的国家的事，但我像是被关进了笼子里。他们建了这个温室，就不放我们出去了。

还有就是，我的电扇坏了。所以，趁着我还没融化掉，我还是赶紧去睡觉吧。等到了8月份，这个沙漠恐怕要热得化成一摊油了。不过，不用为我担心，劳拉，真的。这里比城里安全多了，我保证。

迷失的大兵兼CPA官员，威尔

* * *

收件人：Laura.Kenzie@gmail.com

发件人：William.Madar@CPA.Kellogg.gov

时间：2003年6月24日12:39

主题：来自烤肉国度的问候

劳拉！

我正在吃烤羊肉，外面正在下雨。CPA把皇宫的宴会厅改成了食堂，所以我现在是在一个极其高雅的环境里给你写信。在这样的环境里，我的奇思妙想层出不穷——你也见过我在堂皇的大堂里是什么样子的。我想象着在某些舞会上，萨达姆和他的儿子们就在大厅里溜达，没准就在我坐的这个地方理理胡子、整整衣服。我们开玩笑说，侯赛因家族的鬼魂常在这里出没，晚上9点之后，大理石门一关，他们就溜出来在宫殿里游逛。

我心情很好，劳拉，从到这里那天算起就没这么高兴过。上周一直没收到你的来信，我还担心你不会给我写信了呢！所以，当我看到收件箱里你的名字时，我简直乐坏了。我知道你说过不想谈这件事，但我很高兴能跟你这样联系。我想你。你绝对想象不到，在外界有个人可以说说话，对我来说是多么重要。

还有别的好消息。上周他们给我配了一个翻译，我觉得终于可以干点事了。要是听不懂阿拉伯语，重新安置伊拉克居民的工作就太难了，说话间全是ana asif，ana asif，对不起，对不起。

她叫哈娅，她很了不起。她父亲是20世纪80年代伊拉克复兴社会党的成员，但她母亲是个苏联人。12岁的时候，她在楼上亲眼目睹了父亲和哥哥被政府处决，因为他们支持科威特。后来她就去了俄罗斯，并一直生活在那里。可刚从莫斯科大学毕业两个月，她就回到沙漠里来了，为当地居民充当英语翻译。

她在棕榈树下漫步，好像那些树都是她亲手栽种的；她在宫殿里穿行，好像宫殿是属于她的。在她到来之前，我从未意识到自己是如此需要她的帮助。我能跟别人说话了，别人也能听懂我说什么了。现在，我能跟贫民窟的人、房东，还有卖皮塔饼的商贩交流了，倾听他们对住房的困扰，再不用去扒拉10本词典了。在电脑键盘以外，能有个人说说话，真是很好的事。沃尔夫和迈克尔也不错，但他们关心的都是战后重建政策什么的（还有格斗电子游戏）。

哈娅学的是艺术史专业，所以我们的谈话就围绕人文学科展开。她给我介绍建筑和雕塑的艺术史，我则给她讲解其设计特点。你知道吗？我喜欢在天空下祷告，似乎更自然一些。哈娅每天都祷告，她的背包里装着一个小垫子，即便是在开会的时候，一到时间，她就会起身离开去祷告。昨天晚上，我们俩一起去了橙子树林，在那里看着直升机在停机坪上起落（她认识看管橙子林的卫兵）。我们一边剥着橙子皮，我一边跟她说你的事。我想，你们俩应该会很投脾气。

劳拉，这里有太多我想去的地方，有太多我想做的事了！没有了原先公司的琐事，离开了那个朝九晚五的世界，我突然变得有些“探险主义”了（计算机文字软件的智能纠错提示没有“探险主义”这个词，但我不信）。你去过亚洲吗？我觉得咱们该去亚洲看看，亚洲或者非洲。还记得咱们以前常常讨论长途旅行的事吗？那是很久以前的事了吧，可我还记着呢。我知道咱们曾答应过不谈未来，但他们总会让我们从这里出去的。没准儿美国会入侵印度呢，那我们就能在城堡里吃印度烤肉了，哈。

不知怎的，我觉得有些愧疚。你看我，一边吃着水果，一边看着运载士兵的飞机起飞降落。他们刚刚从高中校园里出来，接着就一队队走进混凝土的迷宫里、爆炸纷起的高速路上（我知道，咱们在19岁的时候样子可没这么年轻）。有传言说大兵们都把定位装置扔到垃圾桶里，在执勤的时候睡懒觉。咱们的军队乱成一锅粥，政府也很清楚。CPA是想通过远程控制把活儿干好，就是足不出户，躲在绿区的高墙上“了解”外面的情况。是哈娅让我开始认真思考，是她让我意识到，如果能够亲眼目睹伊拉克的真实情况，那么我们的工作一定能事半功倍。

唉，CPA的领导层一定都有心灵感应能力吧——保罗・布雷默[1]刚刚端着午饭从旁边走过去。（你可能在新闻里看到了，自从5月份开始他就是这里的最高长官。）我该去假装分析分区规划了！多保重！我想你！多跟我说说你工作的事吧，你上封信写得太短了！

想你。

威尔

* * *

收件人：Laura.Kenzie@gmail.com

发件人：William.Madar@CPA.Kellogg.gov

时间：2003年7月5日1:12

主题：无

劳拉！

国庆节快乐！我刚从绿区的国庆聚会上回来！聚会完全是美

[1] 美国外交官，2003年美国占领伊拉克后负责伊拉克重建和人道救援办公室的美军驻伊最高行政长官。——译者注

国风格的，没什么新意，但我很喜欢，因为我太爱祖国了，真的。聚会是在游泳池边上举行的，目的是鼓舞士气什么的。哈娅教我跳一种当地舞蹈，可我把舞蹈的名字忘了！这边太热了，年轻人整天都泡在泳池里，他们还运来了烤肉野餐套具，看到这个，我想家了。我要告诉你，劳拉，我爱祖国，真的。我知道我们的入侵行动还有其他种种都搞砸了，但归根结底我们只是想在全世界推广民主啊。美国人可没炸飞机[1]啊，对吧？我太爱你了，劳拉。我知道我不该说这句话，可我太想你了。不用为我担心，真的，我在这儿很好，很安全。

你真该听听这边的空军小伙子们唱的国歌……国歌就得这么唱才对啊，我知道的。有一个人，他听到就哭了——这个老人胸前挂着很多越战的军功章，他一听到他们唱国歌就哭了。

我太困了，我得去睡觉了。可我想先给你写完这封信，这样你就知道我在想你。记得给我回信。每次收到你的信，我都读上100遍呢。

威尔

* * *

收件人：Laura.Kenzie@gmail.com

[1] 指的是“9 · 11”恐怖袭击事件。——译者注

发件人：William.Madar@CPA.Kellogg.gov

时间：2003年7月19日22:23

主题：过去的两周[1]

劳拉：

抱歉没能早点给你写信。这边的事都乱透了。你肯定也在新闻里看到了（媒体上面铺天盖地全是这件事的报道），但我要告诉你，这件事已经成了公众舆论的焦点。4点30分左右，叛乱者驾驶汽车闯过警戒线，冲进了巴格达运河酒店。我那时正在外面（大概半英里的距离），但亚斐街两侧建筑物的玻璃全都震碎了，大家都听到了爆炸声。我想，人们的警戒心到底还是敌不过好奇心，因为很快大街上就全是围观的人。现场一片混乱，后来发现遭袭的只有联合国驻伊总部，人们这才松了一口气。一共死了22个人，但受伤的人数他们统计得不对，不是CNN报道的125人，而是200多人。联合国驻伊总部的人权事务高级专员也埋在了废墟里面（真够讽刺的）。有传言说，联合国的部门要在8月份全部撤走。这倒是一点都不奇怪。

[1] 怀疑此处作者时间有误，2003年8月19日，联合国驻伊拉克特派团总部所在地巴格达运河酒店遭到汽车炸弹攻击，包括联合国人权事务高级专员兼秘书长、伊拉克特使德梅洛在内的22人遇难，其中大部分是联合国的工作人员，还有数百人受伤。——译者注

我又把枪配上了。我知道很可笑，但我还是这么做了。那天我看到一个女人，劳拉，她的胳膊被炸断了，挂在肩膀上；她另一只手扶着断了的胳膊，就在那儿走着。她从酒店里走出来，目瞪口呆。她是在走，劳拉！不是跑，也没有尖叫，就是不紧不慢地沿着亚斐街走着，跟周围缓缓的车流一样。晚上睡觉的时候，我一闭上眼睛就会看到那个女人的断臂，接着就吓醒了，赶忙把手枪别到腰带上。其实我知道那样很可笑，一把手枪怎么可能阻止得了汽车爆炸呢。

大家都紧张兮兮的。我看见沃尔夫午饭时在读CPA的安全手册；迈克尔的头不时地突然定住，好像是听到了什么爆炸声一样；哈娅似乎是唯一一个保持镇定的人。（她说："这就是战争。"）最近以来，我们户外作业多了起来，很少会坐在办公室里。我们终于完成了对占领巴格达以来涌入绿区的农民的筛选和登录工作。每十四五个人被安排住进一个两居室的单元房里，但比起墙外的贫民窟，这里可以算是世外桃源了。问题是，不管是谁，只要不是白人，就会受到别人的猜疑和戒备。这些安置房在爆炸袭击之前就准备好了，但布雷默决定将入住时间推迟三个星期。不管怎样，也许是为了保险起见吧。外面的人挤得熙熙攘攘，办公室里半数工作人员都去忙背景调查工作了，一个个忙得焦头烂额。

坏消息还有很多。有报告说反对派的人通过贫民窟渗透了进来。很显然，当地警察在暗中帮忙（这事千万别往外说）。这就是我们要重新规划的原因！要是能把民众集中起来，那么美军巡逻队的效率就能成倍增长。CPA“废除种族隔离才能找到危机的根源”的这种说法简直是痴人说梦。这不是什么歧视！反对派曾经在凌晨4点被人们抓起来，头上套上枕套集中到底格里斯河边枪决！伊拉克警察白天巡逻，但晚上就变成了反对派。警察这份工作给了他们进入居民区的便利，所以，他们实际上是在给对方工作罢了。

昨天晚上，我跟哈娅又去停机坪那里看直升机起降了。宫殿后面的橙子林已经成了我们散步的固定场所。这些天过得昏天黑地，而只有去橙子林散步这件事能把我从床上拉起来。晚风吹来，要是留心的话，能从风里闻到里海海水的味道。哈娅一直在教我阿拉伯语：Burtuqal，橘子；Nakhla，棕榈树；Jundi cheb，孩子兵。每天晚上，我们都看到越来越多的士兵被运来又离去。我们一边看着一队队士兵，一边把剥下的橙子皮在草地上排成一条线。星期三那天，她跟我说了她家人是怎么死的，我则跟她说凯尔吸毒过量的事，还有我差点从学校退学那件事。在这里能有个伴儿真是太好了。（这里的高温天气似乎没有尽头，真的。）沃尔夫和迈克尔俩人开始打通铺睡觉，他们交谈不多，但睡不着的时候就在笔记本电脑上一起玩格斗游戏。

我想念新罕布什尔，劳拉，想念那里的树、鱼，还有帆布椅子。市里怎么样？你去公园里看莎士比亚的戏剧了吗？我试着跟哈娅解释看莎翁戏剧这件事。希望你能在信里多写一点，收到你的信能给我带来一天的好心情。

威尔

* * *

收件人：Laura.Kenzie@gmail.com

发件人：William.Madar@CPA.Kellogg.gov

时间：2003年8月2日1:11

主题：你好

劳拉：

今天我们得知了一些外面的新鲜事（一个CPA的官员获准到外面跟一个不能进绿区的阿訇会面）。当时他正走在市中心一个拥挤的人行道上，看见一个提着两袋子食物和生活用品的老头被一个年轻人拦住了，手拿刀子逼老头交出身上的钱和食物。路人都停了下来看着，似乎这是司空见惯的事。老头把手伸到口袋里，拿出来的却不是钱包，而是手枪。他打开保险，一枪射中了年轻人的胸膛。有几个路人欢呼起来，还有几个人啐唾沫。那个老人只是提起袋子回家去了。这就是伊拉克。

哈娅说今天我们俩分头工作。我有些文件要在办公室处理，她则想去外面的贫民窟跟几个人会面。我说这不是个好主意，但她坚持要一个人去。今天一整天我都过得乱糟糟的，心不在焉，身心疲惫（本该是工作时间，我却在给你写邮件）。我想，我是越来越依赖她了。

我知道有段时间没给你写信了，你的上一封信我收到了，很抱歉没能早一点给你回信。最近这段日子，我很难把思绪转化为文字（这次你不用原谅我文绉绉的唠叨了）。但这里的景色真是美不胜收，枣椰树都开花了，好像所有的植物都长得那么快、那么茂盛。没有人修剪宫殿花园里的花草，所以防爆墙边上和河边上都是乱蓬蓬（很美）的一片。但是我们能听到交火声，从市里传来的枪声和警笛声。这个城市，我已经住了好几个月，却从未见过它的真面目。

你呢，工作怎样？

威尔

* * *

收件人：Laura.Kenzie@gmail.com

发件人：William.Madar@CPA.Kellogg.gov

时间：2003年8月10日12:35

主题：你好！

劳拉：

又拖了很久才给你回信，再次道歉。工作太熬人了，哈娅和我除了在办公室工作之外就是闷头睡觉，找点时间坐在电脑跟前是越来越难了。

大多数时间我都是在看新闻。绿区里到处都是大屠杀的传闻。当地警察其实就是幕后“黑手”，这基本上是众所周知的事了，但CPA还不打算承认，他们培训的这伙人其实是双重身份，到了晚上这伙人就是屠杀异己的帮手。我连续三个晚上都在翻报纸，但即便是自由派的媒体都没有对这些事发表评论。哈娅认为CPA根本就不在乎。说实话，这事要是真的，我一点都不奇怪。

就个人来说，我很反感这种心态。美军有巡逻队，只需要把他们安置在路上的检查站，那么一车车的市民就不会被挟持到山里被杀害了。这有什么难的！！！这可是一周60个左右的人啊，劳拉！不是什么暗杀或汽车炸弹。

有一个人现在每天都站在宫殿外面，他年纪很大，穿着皮衣，褐色眼睛。我们走上大理石台阶的时候，就听到他在那里不住地高声谩骂，哭诉着他死去的家人，绝望地祷告……办公室里的人都叫他“疯子族长”，可谁都不清楚他的事该由哪个部门负责。所以我们只是从他身边经过，头戴丛林帽，腰里别着手枪，回到城堡里去做文书工作。

在做房屋安置工作的时候，我和哈娅同时在收集信息。我们想的是，要是能找到一些正当的信息资源，也许就能交给媒体，让他们报道一下。市场里的一个女人说，他们已经开始抓孩子了。现在，每当听到墙外传来的枪声，我就会想到小孩的头颅被子弹穿过。我不是为了这个来伊拉克的，劳拉，我原以为是来作贡献，我原以为是在帮助这个世界，而不是什么都置之不理。

我太累了。很抱歉，我实在没有时间给你写点美好的事情。现在，也只能在梦里回纽约了。纽约的8月，是我最喜欢的月份啊。

坚持住。

威尔

* * *

收件人：Laura.Kenzie@gmail.com

发件人：SoccerStar73@aol.com

时间：2003年8月16日1:06

主题：读完立刻删除

劳拉：

我是用小时候申请的一个邮箱给你写信，因为CPA能看到内部所有账号的邮件内容。

有新情况。哈娅想到一个办法能遏止居民区里的袭击，但她的办法有点违规（所以我才换了个邮箱给你写信）。上周我们俩分头工作，她在贫民窟遇到一个人，他知道屠杀的内幕，还说认识那些人。她回来的时候太阳已经下山了，而她好像对这个人很感兴趣——他平缓的声音，还有他绿色的眼睛。他说不能跟她在大街上说话，就把她带到亚斐街一个咖啡店的密室里（难怪她会紧张）。

她跟我说，那个人懂艺术、懂音乐，也能看出那些金碧辉煌的建筑所折射出的讽刺意味。对我来说，一个住在贫民窟里的学者是很可疑的，但在哈娅看来，他是一个隐士。连续五天以来，他们每天都见面，一边交谈一边吃杧果。每次我都说要陪她一起去，但她都拒绝了。（她正在获取他的信任，而他的口音太重不好翻译；并且，我一个外国人很可能“会让他产生戒心”。）我心里很不踏实，但我相信哈娅，而哈娅相信他。很明显，他知道伊拉克军队里谁是潜伏进来的，而且，如果有必要，他可以给我们提供一份名单。名单，我们俩在橙子林里散步时，哈娅一遍遍强调着“名单”。“相信我，”她对我说，“相信我吧。”

我必须相信她。她比我更懂这个国家的语言和文化，并且这事牵扯到平均每晚10到20人的伤亡。作为交换，那个人提出的条件是：让他全家搬进绿区的安置房里。候选名单上的人太多了；并且，即便他们排在了前面，他觉得也过不了背景审查那一关。

说到这里哈娅停了下来，让我看着她的眼睛，然后才继续往下说：这个人的弟弟曾经是基地组织的成员，但“9·11”事件之后他就退出了，满心羞愧、困惑、恐惧，想重做一个温和的人。Ta’ib，Ta’ib，他嘴里总是嘟囔着，改过自新，我弟弟已经变好了。我知道哈娅对这些人心怀同情。（她父亲就是在第一次海湾战争期间退出了伊拉克复兴社会党。）

CPA的政策规定，不允许与基地组织有牵连的人进入绿区经商（不论是不是已经改过自新），更不要说在候选名单上插队，排在数百个翻译、使馆工作人员、记者、医生的前面了。在劝我的时候，哈娅说到了这件事立竿见影的效果。她说此举能够拯救数百名平民的性命，能推动撤军进程，能从内部重建居民区、整顿伊拉克警察队伍……他提供的名单上有多少人，我一直在问。其实我并不是没听清，只是想说给自己听而已。50个，50个潜伏的反对派的人。我看着停机坪上的美军士兵，看着他们在停机坪东边排队，一个一个地数着，看看50个人到底是多少。我数出50个人，他们接下来会到掩体里守夜放哨，到建筑物里驻扎，汗水浸透迷彩服，给他们的妈妈写信报平安。

我同意了。我所在的部门负责背景审查和拟定候选名单，而部门的主管正是我自己。这个人——阿卜杜勒·阿齐兹·马肯会交给哈娅一份50人的名单，我们将对其进行核实，然后给他全家人的入住通行证。我很紧张，劳拉。但是，要是这件事做成了，就可能拯救好几千人的性命。更何况，真正追究起来的话，巴格达的每一个人都多多少少跟那些人有牵连，所以，我们这么做并不算是太过分的破例。城市里传来的每一次枪声，都使我愈加相信这么做是对的。等把那些人清除出警察队伍，我们就终于能在这片废墟里取得一些成就了。

我也开始祷告了。我知道你是无神论者，你一定会觉得这么做很可笑。不过这里就是这样。这里的花、大理石，还有这里的人，他们每隔四个小时就会祷告一次。我不知道是哪个神在听我祷告，只要不是信奉战争的神就行。

我想你。我知道我最近好像有些心不在焉，但我是真的想你。我不知道你为什么这么长时间都没给我写信，劳拉。我猜，你可能是工作太忙，或是朋友那边的事太多吧。跟我说说你的近况吧。

迷失的大兵兼CPA官员，威尔

* * *

收件人：Laura.Kenzie@gmail.com

发件人：SoccerStar73@aol.com

时间：2003年8月23日1:25

主题：阅后删除

劳拉！

都说未风先雨会触霉头，但我还是忍不住要提前透露给你：这件事马上就要做成了（真有点不可思议）。我们核查了名单上的人，马肯一家星期一就能住进绿区了。一个小时以后我会跟哈娅会面，看看怎么把名单交给布雷默和绿区的美军指挥部。最近多关注新闻和报纸，很快就会有报道了。

威尔

* * *

收件人：Laura.Kenzie@gmail.com

发件人：SoccerStar73@aol.com

时间：2003年8月27日14:14

主题：关于袭击

劳拉：

我没事。别看新闻了，我不想吓到你。拉希德大酒店遭到了袭击，可能会塌掉。第一次汽车炸弹袭击跟新安置房的事有关联，他们要找我问话。沃尔夫死了。

我吓坏了，劳拉。要是这事追究到我们放进来的人身上，那就惨了。我只是希望那辆车是住宅建筑群里别的什么浑蛋的。我不知道怎么才能心安理得。

可能近几天不能给你写信了。记得把这封信删掉。

威尔

* * *

收件人：Laura.Kenzie@gmail.com

发件人：SoccerStar73@aol.com

时间：2003年8月31日2:56

主题：关于袭击

劳拉：

哈娅想马上就走，可我对她说我得给你写封信。我得给你一个交代。我知道这么做太蠢，但时间有限，我尽量给你解释清楚吧。他们把这次恐怖袭击查到了阿卜杜勒·阿齐兹和他弟弟身上，查到了他们的入住通行证，发现是我们违反规定把他们放进来的。我们跟他们解释了名单的事，但没什么用，会议上总统都表了态。这次袭击很严重。你肯定也从新闻里知道了。45分钟时间里，三枚炮弹击中了酒店的高层楼房，还有5辆自杀式汽车爆炸。一架切努克直升机被击中坠毁了，我们也没有了“黑鹰”直升机，随后市里就陷入了骚乱。这场战争太糟糕了。这个国家好像从内部分崩离析了。有枚炮弹瞄准的是停机坪，但落在了100米外的地方，正好是宫殿后面那片橙子林。跟棕榈树不一样，橙子树着了火，一片林子全都烧成了灰烬，带着橙子味的烟雾吹遍了全城。

他们把我们开除了。布雷默给了我们两天时间，然后就用飞机把我们送回美国。他们没有解释太多，但可能会给我们扣上通敌的罪名，要是运气好的话，至少也得是玩忽职守。不管是什么，我们至少会面对20年监禁的判决。至少这两天他们还是很照顾我们的颜面，两天后才会派卫兵监管我们俩。

劳拉，我有太多事想告诉你。我和哈娅已经决定了，我们要逃跑。有一次爆炸在防爆墙西南河岸位置留下一个洞，CPA还没发现。她觉得，要是我们能从洞里钻出去，渡过底格里斯河，就能逃到叙利亚，到东部跟她的家人会合。不论是走哪条路，我的前景都好不到哪儿去，而我宁愿流亡沙漠，也不愿被关进金属盒子里。

绿区里现在说的都是“那个安置房部门的家伙犯的错”。我到林荫大道上去找迈克尔，可他只是对我摇头。他咕哝了一些我的翻译“女朋友”的脏话。他还说，他觉得我背叛了战争的荣耀，他觉得我是让50人的名单冲昏了脑子。我不知道该说什么。我觉得有东西烂在了我的肚子里，可我拿不出来。这些人是我害死的，沃尔夫是我害死的。我忘不了最后一次见他的情景。他当时在餐厅里看漫画，还把盘里的哈密瓜给我吃。我把他借给我的书埋在了枣椰树下面，这么做不算什么，但至少是我对他的祭奠。他还是个孩子啊，他才23岁。

哈娅想把责任都揽到自己身上，但布雷默根本不听。他说得对，我同意他的说法。我不该这么做，可偏偏做了。我要告诉你的是，我们的初衷是好的。我不知道为什么，但你的理解对我来说非常重要。要是我们俩出了什么事，请你一定记着这一点。

劳拉，我不知道你为什么一直都没给我写信，甚至想不起来你是从什么时候开始不给我回信的。是7月4日，还是我第一次跟你说恐怖袭击之后？这都不重要了。至少，我知道你还在倾听我的诉说，这样已经很好了。我希望能得到你的谅解，原谅我做过的事和要做的事。我不知道为什么，但你的谅解对我来说非常重要。你是我在围墙外的牵挂，劳拉。务必牢记这一点。

哈娅和我打算从头来过。她希望我能多祷告，也许可以一天祷告五次。她说东部地区很少有巡逻的美军，更没有驻军。我想，几年以后，人们就会忘掉那个CPA的蠢蛋和他的翻译。哈娅戴上了头巾，让我也穿上长袍。我们要跟她的家人生活一段时间。他们都是农民，从沙漠的土里刨食吃，有什么吃什么。

我要去外面的世界了，劳拉，我终于要离开这个该死的花园了。

你自己多保重。

威尔

行李认领处

走进仓库的时候，凯尔干咽了两片阿司匹林。这里的样子不由得令他想起了沃尔玛超市，不过更大一些，更明亮一些。嘈杂的人声之上，飘荡着轻柔的音乐，模模糊糊的，听不清楚。到这个“行李认领中心”来不是他的主意，或者就像门口那个穿着红色POLO衫的女人说的——全球无主行李聚集地。整个仓库大概有5万平方英尺[1]，像一个巨大的煤渣砌块一样坐落在斯科茨伯格[2]郊区一片沥青地面上。在他们还未动身去阿拉巴马之前，布丽姬特老早就将这里选作放行计划中的停留地了。但还没到这里，凯尔就对其没什么好感。

[1] 约4645平方米。——译者注

[2] 美国阿拉巴马州的一个城市。——译者注

“你知道吗，”她在车上对他说道，“每年有100多万件遗失的行李运到这里呢。”他哼了一声，低头继续看地图。“听说有人在一个旧行李箱里找到一幅萨尔瓦多·达利[1]的真迹。”她继续说道。他怀疑，她是不是计划好了这次度假，好让他有机会求婚；他还怀疑，她是不是能感觉到他藏在背包小兜里的洗漱包里的用布包着的戒指。他不知道自己为什么会心烦意乱，不知道为什么会对现在的她心生反感：她刷牙时嘴角堆积的泡沫，她总是把衣服叠得方方正正的，还有见他不吃青豆时的眼神……他懒得去问“真迹”是什么意思，只是挤出一个笑容，握了握她的胳膊，转弯下了62号高速出口。

布丽姬特抬头看着挂在走廊上方的标志。“这里的买卖不可思议。”她原地转了半圈，恰好面对面停在他面前，两人的鼻子几乎碰到一起。“我要去看围巾。”说着，她轻轻吻了他一下，而他则注意到她晒黑的脸颊。凯尔点了点头，她匆匆向一个货架走去。

阿司匹林没什么效果，凯尔感到头部一阵钝痛。去超市的时候他也会有这种感觉——好像是要被头顶的灰泥屋顶和脚下的油毡紧紧压住一样。他沿着走道前行，来到一个数码相机摊位前

[1] 萨尔瓦多·达利（1904—1989），著名的西班牙加泰罗尼亚画家，因为其超现实主义作品而闻名，与毕加索、马蒂斯一起被认为是20世纪最有代表性的三位画家。——译者注

面。货摊上竖着一块广告牌，上面用红底白字写着“相机内的照片已删除干净”，广告牌下面是一个黄色标签，上面写着：“买一赠一大酬宾！”凯尔不由得纳闷，到底是谁负责将相机里人们的记忆清除掉。可能是一个年轻人，整天忙着快速浏览相机里的照片：滑雪胜地的印度夫妇、在布宜诺斯艾利斯旅行的一家人……这个人呆板地一张张将其删除，同时却在思考着如何从阿拉巴马州斯科茨伯格逃离，或是反思这份工作的吸引力到底在哪里。他想起了刚跟布丽姬特约会时一起看的一部恐怖片：某人接受了眼睛移植手术，却在术后开始看到捐赠者生前生活里的事物。这些相机，他想道，一定也是同样的效果吧。

凯尔在一个个货摊前溜达着，年代久远的皮箱、崭新的西服、台湾的纪念品，还有滑雪靴、雨鞋，以及一个满是手表的玻璃柜。他不由得想起了竞技场。过了一会儿，他走进一条女士泳衣的走廊。他想象着那些疲惫的员工没完没了地清洗一件件泳衣并为其打上标签的情形。又是一次夏季度假，他们会一边拉开泳衣的拉链一边说着：“又是一双拖鞋。”而想到这里凯尔不禁心生反感，才90天无人认领，不该就这么快卖掉别人的东西。他从一个年长的妇女摊位前经过，看了看一件碎花比基尼。他想象着布丽姬特绝望地站在行李传送带前等着自己的行李箱，而她的财物已经到了这里被人卖掉。他想象着自己会怎样安慰她，说行李箱最终会找到。那个遗失了这件比基尼的女孩一定大为恼火，换了是布丽姬特的话，她一定会很镇定很豁达，而他受不了的正是她这种脾气。

“你在这儿呢！”这时布丽姬特从一丛高尔夫球棒后面冒了出来。“我想买这个披肩，”说着，她将一条古董披肩围在肩上，扬起脸摆了个造型，“你觉得怎么样？”

“很好看。”

“你打算买个数码相机？”她把披肩叠好，又扬手将头发拢到耳后，“啊，买一赠一呢。”

“还没想好。”

“嗯，趁着还没改主意，我得把这个买下来。”说着，她把手里的褐色钱包举过肩膀，向左边走去，“我一会儿回来找你。”

“唉，布丽姬特。”凯尔都不知道这句话是怎么脱口而出的。她停了下来，转过身，褐色的马尾辫甩到了肩上。凯尔张了张嘴，却把想说的话又咽了下去，改口问道：“呃，你知道有人曾经在这里找到一幅萨尔瓦多·达利的真迹吗？”

“哦，知道。”她快速答道，接着便转身离开去登记处了。但他分明看见她转了转眼珠，咧开嘴笑了。

凯尔抬头看了看头上的荧光灯，听着灯管镇流器发出的嗡嗡声与远处的音乐声混杂在一起。她知道了，他想到她一定是在酒店里发现了那枚戒指。凯尔将背包放在一摞黑色旅行袋上，跟在她身后走了过去。可直到他们逛完了回到停车场的时候，他才决定再回去花4.99美元把它买回来。

满怀恩宠

在马萨诸塞州坎布里奇市“一神普救派”[1]的圣诞节圣剧上，“圣母玛利亚”坚持要将指甲染成黑色，“约瑟夫”已经明确了自己的同性恋身份，都没什么大不了的。在12月25日晚上7点到9点，三位“东方女圣贤”将会跟在“东方三圣贤”的后面走上教堂的通道，一个穿着和服，另一个穿着非洲服饰。他们手里拿的不是没药[2]，而是鸡汤；不是奉上乳香，而是哼唱摇篮曲。还

[1] 一神普救派是一个明确接受宗教多元主义的宗教派别。教会欢迎同性恋者、双性恋者、变性者及伤健人士，不会基于肤色、国籍或种族歧视任何人。其成员的大部分认为自己是人文主义者，其余人员包括基督教、佛教、犹太教、无神论、不可知论、泛神论或持其他信仰的人士。他们珍惜创造性、自由、慈心，接受多元化和互联性，致力于促进个人灵性成长，并且通过礼拜、同伴关系、个人经验、社会行动、善行和教育来促进公益。——译者注

[2] 热带树脂，可做香料、药材。——译者注

有，牧羊人会有一句台词，号召大家保护环境。旅店老板则手持一个丧失抵押品赎回权的告示牌。在这里，大家不是完全信奉上帝，也不是完全不信，所以他们马马虎虎选好了颂歌，准备了蜡烛，在喷漆的教堂长凳上坐好。[1]

我的女儿艾玛是“耶稣”的候补演员。我已经收养她5个月了，可“女儿”一词还是显得那么陌生。

“你女儿是我们的候补？”牧师问道。

“对，就是艾玛。”说着，我把她抱直了身子，“她刚刚跟我说，她是多么希望‘耶稣’的正选演员会扭了脚脖子上不了场。”牧师瞪着我，我却觉得很好玩。

通常情况下，我不会让孩子参加什么有争议实验性的圣诞圣剧，但杰瑞德前一天给我打了7个电话。他们遇到麻烦了，饰演耶稣的小朋友要到圣安东尼奥[2]的医院去看望祖母，而他们第一教区每年一度的圣剧演出向来是因用真人饰演婴儿耶稣而闻名。我回家来过圣诞节，而杰瑞德——我高中时的好友——正是社区外展的负责人，他说这事没有商量的余地，在电话里他还说，教

[1] 据《圣经》记载，上帝的儿子耶稣基督出生之前，天使向一群牧羊人宣告耶稣的降生，东方的三个占星术士（亦即东方三博士，亦称东方三圣贤）夜观天象，预言主宰人间的伟大人物即将在西方降生，于是动身前往觐见，历经数月，最终在伯利恒找到了刚刚出生的耶稣，他们分别献上黄金、乳香、没药作为朝觐之礼。——译者注

[2] 美国得克萨斯州南部城市。——译者注

堂离我家只有10分钟路程，何况，奥黛丽，你有理由拒绝吗？我没有。

反正我实在是百无聊赖。报社给了我半年的假期，而我早已迫不及待地想回去上班了。圣诞节前几周我就回家了，为的是陪陪我妈妈，当初她得知我跟艾玛独自在公寓里生活，就要求我早一点回去过节。回家后的第一个月还算风平浪静，有时候我会在家听音乐，可又担心电视音量是不是开得太大。在艾玛睡觉的时候，电视里也没什么好看的，没有吵架的情节，没有大笑的情节，也没有做爱的情节。贝伦森医生建议我多跟孩子说说话，于是我就照做了。在她吃东西的时候、睁着眼的时候，或是趴在我身上睡觉的时候跟她倾诉。

艾玛刚4个月大，可我什么都跟她说。我跟她说我的工作，说我被写书的事搞得焦头烂额，说我为什么要收养她。我跟她说，很抱歉我不能给她吃母乳，很抱歉她没有父亲，很抱歉在她想吃奶、想睡觉、想探索周围世界的时候跟她絮叨个不停。有一天晚上，她老是哭个不停，我就跟她说了朱利安的事。我说我是多么可悲，竟然还难忘旧情。我已经42岁了，我轻声对她说道，她则咬着一根手指头：你还不懂，但你已经4个月大了，不该再吃手指了。

我跟朱利安的恋情从16岁开始，到23岁结束。高二我们就在一起了，大学毕业一年后分的手。圣诞节意味着回家，而回家就意味着要跟朱利安置身于同一个8英里[1]半径的地域圈子里、意味着我要重温那段感情的折磨。每年我都把他寄来的贺卡放在公寓的一个抽屉里，他的三个孩子一年年长大，照片上的他们总是挥着手，而背景或者是沙滩，或者是后院，或者是在摘南瓜的旅途中。

12月24日傍晚，我让杰瑞德来接我们娘俩去参加彩排。他很忙，但我不知道该怎么过去；还有，我想跟他说说话。他总是招之即来的。

“你真是我的大救星，奥黛丽。”他在电话那边亲了一下，“我4点到你那儿。”

“布雷特跟你一起来吗？”趁着他还没挂电话，我抢着说道。

“怎么了？你不想见他？”

“无所谓。”

“那我先到教堂把他放下。”

“你真是善解人意，杰儿。”趁着他没来得及再亲电话一口，我就挂了。自从他们住到一起，他出门的时候就总是先把布雷特接上，我讨厌他这一点。

听到杰瑞德的汽车开到我家老房子的车道上，艾玛把高脚椅托盘里的麦圈划拉到了地上。她刚刚开始吃谷物才五天，就学会了扔东西。每次她把麦圈从托盘里拂到地下，都会瞅着我；而我

[1] 约13千米。——编者注

想象的却是她躺在马槽里往外扔麦圈的情形。[1]我大笑起来，她也大笑起来，接着向我伸开了双臂。我把她抱起来，上楼去找条红围巾来衬托节日的喜庆。这是我妈妈的口头禅，“喜庆”。

“我非得去吗？”看见杰瑞德开门进来，我开口问道。

“你好。”他无视我的问话，从我怀里接过艾玛，柔声说道，“我怀里抱的可是耶稣，所以我猜你一定会出去坐到车里的。”说着，他径直走进屋里，从10岁开始，他一直如此。

“咱们的中学同学，没有去的吧。”打电话时我还没想过这个问题，可现在想到要把艾玛展示在众多老朋友面前饰演耶稣，我就心里发慌。杰瑞德没有回答。“在你们的节目里，有没有办法阐明我不是自愿参加的？”

“你就是自愿的！”他咧嘴笑了，拾起婴儿汽车座椅，向门外的沃尔沃走去，“我问了，你答应了！”

我们这些人里，杰瑞德是唯一一个从未离开过家乡的，但他明白，对我来说回家是一件很难受的事。不论是从多么小的岁数开始的，七年的恋爱不算短了，而我们小镇上的一切都会让我想起朱利安：中学时，我们一起去参加毕业舞会，一起看电影；大学暑假时，我们一起躲在他的车里吸烟，挤在他的或我的单人床上睡觉，跟杰瑞德、卢卡斯、萨拉一起去7-11便利店。我们是一

[1] 耶稣降生在马槽里，而主人公的女儿要饰演的正是婴儿耶稣。——译者注

对完美恋人。在毕业舞会上，单身的老师羡慕我们。周围人都觉得我们是天生一对、完美无缺。大四那年，我们在学校“最佳恋人”评选中输给了斯凯拉和吉莉安，但输的原因是吉莉安的闺密是学校年鉴的编辑，而且朱利安的橄榄球队友们出于恶作剧而没给我们投票。暑假里，我们跟彼此的家人一起旅游；秋季，我们要在双方家里过两次感恩节。他有点书呆子气但待人诚恳，他英俊却有点轻浮。我爱他。

我很想客观地回忆那段恋情，但我做不到。到了而立之年，这段回忆反而开始吞噬着我。他的酒窝，他的锁骨，他的甜言蜜语，还有我的女性朋友的父母语带羡慕地向我妈妈说起我是多么幸运，能有这样的男朋友……有时候能做到连续几个月不去想这件事，但懊悔似乎总能把我抓住，在我孤独的时候、劳累的时候、回家过圣诞的时候从我的心头涌起。他终会找到另一半，我却永远不能。我再也不会爱了，真的不会了。

杰瑞德打开了车里的收音机。所有的电台都是一片喜庆和欢乐，我们只好随便听着。我们听着《冬日仙境》，驶过撒过盐的人行道[1]和没有积雪的田野。查尔斯河上结了些冰，但斯多诺车道两侧的树还挂着些皱巴巴的叶子。

驶过艾略特桥的时候，杰瑞德开口问道：“你过得怎么样？”

[1] 大雪过后路政部门会往路面上撒工业用盐，有助于化雪。——译者注

“很好。”我答道，“我很高兴能回去上班了，又觉得不该这么想，心里挺愧疚的。你知道我的意思吧？”

“嗯，很正常。”他说道。

“你怎么知道？”

“我的孩子都经历过这个阶段。”我推了他一把，他笑了，接着平静地说道，“你在纽约还好？”我知道，他说的在纽约，其实指的是“独自一人”，但他是杰瑞德嘛，我不怪他。

“嗯。”我顿了顿，伸手抓住后座上艾玛的一只小手，“我还是挺不安……我还是希望她……她能知道她是我的孩子。”

“有意思。”

“不是的。”我说道，心里五味杂陈，难以说清。我把高领毛衣的领子翻了上去，回头看着车窗外的河流，“说实话，我心里很难熬，因为看到她我就想起另一个孩子。”

杰瑞德沉默不语，只是盯着眼前的路面。

“已经过去很久了，奥黛丽。”

“我知道。”我说。

“她很好，她过得很好。”

“我知道，我知道。”我把注意力又转回车里，坐正了身子，“唉，你现在是不景气的社区外展的负责人呢，这事咱们以后再说。”

“好吧。”他说道，瘦削的肩膀向前耸了一下。我原以为他会反驳我，会继续跟我讨论、分析这件事，但他只是哼唱起了

《平安夜》。“等会你看看这场圣剧，奥黛丽，简直疯了。我找了一个女孩来扮演圣母玛利亚，好不容易才说服她不穿哥特式的衣服。别误会，她心肠很好，并且她已经跟别的‘耶稣’排练过好几周时间了。所以，要是我们换艾玛来演耶稣，她不会有意见的。”说着，他转过头向后座上的艾玛扮了个鬼脸，艾玛却尖声哭起来。而我意识到，他转移话题是对的。

大四那年的12月，我怀孕了。前一天晚上，我跟朱利安说我的体重好像增加了。他什么都没说，只是面带厌恶。可后一天晚上我们一起去吃晚饭的时候，我们俩都没碰篮子里的面包。侍者过来把面包端走了，他朝侍者笑了笑，抓起我的手紧紧地握着。

回家的路上我们买了验孕棒，这不是第一次了。那时我很瘦，月经经常不准，我们还常常在车里相互取笑，说除了验孕棒还要买什么。

“我说你不敢买避孕套。”我总是这样说。

“我说你不敢买色情片。”他总是这样说。

当天晚上，朱利安买了一包彩虹糖，我们一边吃着糖，一边等着我来尿意。

验孕棒显示是阳性的，我们又开车去药店买了三支验孕棒回来。我们不该跟父母说，因为大家的意见很不统一。朱利安一家是天主教徒，所以他想让我把孩子生下来。[1]他说不要紧，说我

[1] 天主教反对堕胎。——译者注

才是最要紧的。他说他爱我，说要跟我结婚。

可我妈妈不同意。我爸爸是犹太教，我妈妈什么宗教都不是，所以对他们来说，孩子要不要都可以。

我就被夹在了中间。

“你不懂，”当天晚上我对妈妈说，“你想的是爸爸能像朱利安对我那样对你。”她停下手里整理衣服的活儿，沉默了片刻。

“我懂。”她说道，“要是你不那么爱他的话，我就会跟你说把孩子生下来了。”

我跟妈妈说，她这话讲不通；我跟她说，我是可以选择的；我跟她说，她这是嫉妒、无情；我说我的身体我做主；朱利安想要孩子，而我爱他，所以我要把孩子生下来；我必须把孩子生下来；她不懂。她上岁数了，顽固不化，什么都不懂。

星期天，朱利安和我到水库边散步。

“咱们不是非得要这个孩子，”他说道，“但是，要是你爱我的话，求求你，别把孩子打掉。”

于是我就把孩子生下来了。6磅14盎司[1]。为了他。1989年8月19日，我们把孩子送给了一对新罕布什尔州的夫妇。孩子生下来两天，他们就过来把孩子接走了。孩子的交接是在另一个房间里进行的，文件上说最好不要跟领养人见面。朱利安想公开双方的身份，但我想保密，所以我们就在文件上签了名，孩子成年之

[1] 约6斤2两。——译者注

前互不联系。不，我不想让我的亲生骨肉联系我。不，我不想知道孩子过得怎么样。

马萨诸塞州坎布里奇市的“一神普救派”教堂是石头结构，美轮美奂，周围停满了汽车。外面很冷，我担心艾玛会着凉，于是就让她的小脸贴着我的脖子，从杰瑞德的车里出来，快步走进地下室的后门。里面闹哄哄的全是孩子：有穿着动物戏服的，有打扮成长胡子牧羊人的，楼上还聚了几个天使打扮的孩子。地下室里有一股发霉的味道，大家身上的戏服也都年代久远，但房间里的气氛活泼而温馨。公告板的旁边挂着一面彩虹旗，四周墙上用彩漆写了些柏拉图的格言。一个戴头巾的女孩正埋头打电话，而“约瑟夫”正在跟“东方三圣贤”之一调情。我们刚进门，艾玛就大哭起来，整屋子的人都静了下来，转头看着我们。屋子中央一个花白头发的人朝我笑了笑，虽然他没穿长袍，但我知道他就是牧师。他没说话，只是在身侧微微抬了抬胳膊，手掌向前，手指展开。我明白了他的意思，就朝他点了点头，抱着艾玛四处走动，好让大家都看见她。

圣剧的导演是一个50来岁的圆胖男子。我们并肩在明天演出中要用的道具堆里穿行，他一边托着我的手肘，一边给我解释活动的流程。我要坐在第一排，抱着裹着蓝布的艾玛。亨利——斯托弗家的孩子——是耶稣的正选演员，要是他在舞台上开始哭了或是到处乱跑了，那么导演就会给我个信号，接着斯托弗太太就会把亨利抱到地下室，我则走上前将艾玛递给“圣母玛利亚”救场。乍看之下，似乎有些怪诞。但他一边托着我的手肘，一边信誓旦旦地说，两个孩子一个正选一个候补是很必要的。我则是强挤出一个笑容，然后假装头疼去了楼下。

我第一次看圣剧是在巴黎市郊的勒梅斯尼勒鲁瓦，那时我刚大学毕业一年。我在那里认识了一个瑞士小伙子，看圣剧是他的主意，可剧情太沉闷，剧场里的羊也臭烘烘的，所以我们看了一会儿就离开了，去了他的公寓。我原以为法国会给我全新的感受，可从戴高乐机场出来的时候，我还是我，一点没变。我在巴黎的一个学校上班，周末就四处闲逛，追求一种流浪的小资气质。回家后，我急切地渴望跟人静静地说说话，可大家都已经23岁了，还都在纽约。

在我去巴黎之前，朱利安和我分手了。在送走了孩子之后，我们尽力维持着感情，但一切都跟以前大不相同。把她送人是我的主意，不论同意与否，朱利安明白我这么做的意思。这个孩子代表的其实是一个问题：我们俩是不是真心相守到老。他的回答是肯定的，而我却答不上来。我想到外面的世界看一看，多接触一些人，而且大家都说我应该在一段时间里保持独身状态。他试过要留住我，但没多久就松手了。

问题是，我是在还爱着他的时候跟他分手的，所以，我永远都没有机会甩掉那份余情。我妈妈说我不该嫁给初恋；我的朋友艾丽莎说我看上去了无兴致。可我再也没有遇到过比朱利安更好的男人。此后我有过很多约会，可他们似乎都是我生活中的匆匆过客。我等待的，是一个会在我睡觉时给我挠背、周末时带我去教堂的男人。我应该是在巴黎遇到他，应该是在巴黎回来后遇到他，应该是在读研究生时遇到他，应该是在上班后遇到他……可那么多时期，那么多地方，都从我的指尖滑过。某一年的感恩节聚会上，姑妈的一个朋友问起我结婚的事，我妹妹说，要是我能找到丈夫，那真是侥幸。

“那可是铁树开花，奇了怪咯。”她一边给我递过肉汁，一边随口说道。我突然想把肉汁都倒在她的头上。

我刚回家的那天晚上，全家人都在厨房和客厅里忙着准备晚饭。有我妹妹，她丈夫阿里克斯，他们的两个儿子迈克尔、加布里埃尔；我弟弟亨利，他妻子佐伊，他们的三个孩子安娜贝尔、大卫、托比。妈妈很高兴一家人能全部聚到一起，她在厨房里七手八脚地忙活着，或是给大家分派任务，或是忙着切东西。我开门进来的时候，大家一窝蜂地涌上来把艾玛抱了过去，妈妈则是在厨房的餐桌后向我微笑着。跟我几个侄女、侄子出生相比，收养艾玛不是什么大事，所以我特意要求不要举行什么送礼会，也不要广而告之。我妹妹在10月份时曾开车过来看我们，但弟弟亨利和家里的其他孩子都是第一次见到艾玛。

“来看看你表妹。”亨利对安娜贝尔说道。安娜贝尔13岁了，听到她爸爸的话，她立刻伸手把艾玛抱在怀里。

“哦，天啊，”她说道，“她太可爱了，我喜欢她！”

“安娜贝尔刚才还在车里说她是多么想见艾玛呢，”佐伊解释道，“她没有妹妹，所以她说，等她长大了就把所有的布娃娃都送给艾玛。”

“哇哦，”我惊讶地说道，“安娜贝尔，你太好了，真有个大姐姐的样子呢。”

我想象着艾玛13岁时会是什么样子，却只能联想到现在的安娜贝尔。当然，年轻的我曾经无数次想象过这幅场景：朱利安和我的女儿在某个地方的厨房里跟她的亲戚们见面。她现在也许正在那个厨房里吃着圣诞晚餐——如果他们家是基督徒，也过圣诞的话。

话虽如此，被人关注总比受人冷落要好。一想到此后要带着艾玛参加每一次家庭聚会，我心里就充满了欣慰；而一想到她的表哥表姐们会跟她玩、逗她开心，我就特别高兴。我尽力把我的（极少表现出来的）担心——担心收养她是个错误——抛在脑后，也的确很少会想起。看着艾玛融入了这个家庭，我放宽了心。晚上，家里的大人都围坐在一起喝着无咖啡因的咖啡，我则是把艾玛放在膝盖上，满心自豪地逗她玩儿。

圣诞节一如既往地过去了，第二天早上，我和弟弟妹妹早起之后给艾玛的袜子里装了点礼物，接着亨利抱着她，我当着她的面再把袜子打开，好让她看到自己的礼物。佐伊打算用新鲜草莓酱和法式面包来做法式吐司，却忘了买鸡蛋。所以我就自告奋勇地去“全食超市”——附近唯一一家假日期间照常营业的商店——买点回来。我本想带艾玛一起去，但妈妈不让。

“没事的，”她说道，“我自己带大好几个了，有经验。”我看了看艾玛，她手里抓着一个雪人填充玩具，一边眨巴着眼睛看着我，一边嘴里嚼着东西。片刻之间，我不禁怀疑她到底能不能认出我来，又立刻把这个荒唐的念头扔到一边。艾玛很少会哭着要回到我的怀抱里来，这一点很是令我不安。

我在超市里遇见他了，果然是这样。上次我遇见他还是在三年前的圣诞夜，在附近一个酒类专卖店里。这次是我先看见的他，他手里拿着一张纸条，在调味品通道里慢慢溜达。他气色很好，没什么变化，只是比几年前敦实了点儿，棕色的头发还是乱蓬蓬的。每次他出现在我的眼前，我的反应总是发自本能的：眼睛看着他，双手开始微微颤抖。我突然想到，这时我本应转身逃离，躲到另一个通道里，避免与他相遇。可我根本没有这个念头。

“朱尔。”我唤道，他的昵称脱口而出。他转过身来，看着我。我们彼此注视，又都咧嘴笑了起来。

“果然是你。”他说道。

“是啊。”

“真……果然是你。”他说道。

“是啊。”

我们拥抱了一下，有一点点尴尬。此前我们断断续续地通过电子邮件保持着联系，但我还没告诉他艾玛的事。

“你还好吗？”

“挺好，挺好。你呢？”

“挺好的。”

“这种寒暄真不错，具体情况都免了。”他说着，笑了。

“我，呃……我收到你的圣诞卡了。你的大儿子……长得真快。”说着说着，我突然低下了头。我很想让这段交谈顺利进行下去。

“是啊，”朱利安说道，“他马上就15岁了。”他在端详着我。我们俩静静地站在那里，几秒钟时间里谁都没有说话，只是看着彼此的神情。

“那个，呃……”我能看出来，他不知道该问什么，“……报社。你还在……”

我打断了他的话：“我请了一段时间的假。”

“为了写书？”

“不，不，为了带女儿。”此前我很少说到“女儿”这个词，这次突然说出口来，感觉怪怪的。他张了张嘴，惊讶地看着我。

“哦！天哪……哇哦，奥黛丽，恭喜恭喜！”

“谢谢。”

“她的，呃，你……”他的眼睛飞快地瞥了一下我的左手。

“是领养的。”我说道，接着闭上嘴，点了点头，又竭力挤出一个微笑，双手在身侧无主地晃了晃。“是够讽刺的！”但他没有笑，我能看出来，他跟我一样，还放不下那件事。我们再度陷入沉默，都有些局促不安。

“你要买什么？”这话题转的，真可悲。

“香菜。”他答道，“刚知道做饭少不了它，所以我就出来买。你呢？”

“鸡蛋。”

“哦。”又是沉默，接着他笑了，“她是不是叫艾玛？”

我点了点头。

“你的克洛伊看来是没戏了，是吧？”我问道。

“是啊，”他笑了，“艾丽克斯不喜欢这个名字。”一想到他的妻子，我心里一阵不安，突然间我意识到，我该借口离开了。

“这样。”我朝他走近了一步，“我得回家了。你要是想见见她的话，今天晚上9点到第一教区的教堂来。杰瑞德非让她扮演耶稣，嗯，耶稣的候补演员。”

“当然。”他说道，“我很想杰瑞德呢，他太搞了。”

“大家都喜欢他。”

“好，我会去的。”说着，他把购物袋搭在了肩上，“晚上9点，第一教区吗？”

“晚上9点，第一教区。”

我最终还是说服了家人，说他们不必去看圣剧以表示对艾玛的“支持”。我独自开车带着艾玛来到教堂，抱着她走进地下室里，顿时陷入满屋的孩子、家长、戏服、卡板纸中间。片刻过后，杰瑞德也来了，他领着我到前排坐下，圣剧马上就要开始了。

“嗨。”他说着，亲了一下我的脸颊。

“嗨。”我说道，“圣诞快乐。”

“圣诞快乐。”我沉默了片刻，继续说道，“今天我在超市里遇见朱利安了。”

“不出所料。”

“是啊。”

“你……”

我打断了他的话：“我很好。”

“你告诉……”

“嗯，”我顿了顿，“他知道她叫艾玛。”我不打算告诉他我邀请朱利安来看圣剧一事。随着观众渐渐在我的身后聚集，我回过头带着探寻的眼光扫视着人群。我就是一个神秘人，瞒着众人偷偷带进来一个婴儿耶稣。我想起了《暴风雨》[1]，想起了各种神话传说，还有读研时读过评论过的那些牵扯到双胞胎的文学作品。这时他们把教堂里的蜡烛点着了，我收敛了心思，把注意

[1] 莎士比亚的作品之一。——译者注

力放到眼前。

我知道自己这样很可怜、很可悲，但我希望他能来。我很想他也能在这里，看看我，见见艾玛，我想让他明白：虽然很艰难，但我想要这样的生活；虽然很辛苦，但我过得不错。可座位都已经坐满了，我还是没有看到他的身影。

大厅里暗了下来，我搂紧了艾玛。我回头看了看，一个老头正在本子上写着什么，在他身后，一个小孩正在扯他妈妈的衬衫。在他们左边，看台投下的阴影处，一对情侣正依偎在一起。男孩身材瘦长，脸上长着雀斑，女孩娇小玲珑。她挠着他的手掌，在膝盖上玩着他的手。女孩对他耳语了什么，他摇了摇头。她给他一块口香糖，他不要。大厅里的背景灯灭了，我转过头来，却恰好看到男孩把手抽了出去。我想起了多年前市里的一个聚会，这件事我已经很多年没想过了，在那次聚会上，我跟朱利安说我不喜欢他抓着我的手，因为那样太幼稚。我觉得那天晚上我更想要的是他的双手——打手势、拥抱、抚弄我的头发。我觉得，我想记住的正是那种感觉，而不是那些晚上跟他在车里亲热的感觉。

一个小男孩举着巨大的北极星道具走过教堂通道，合唱团开始唱《元诞颂歌》。牧师和在场观众的热情都被调动起来了。东方三圣贤、牧羊人、羊群陆续登场。我又回过头看了看，还是没看到朱利安。圣杯里的蜡烛滴下蜡油在羊身上，随着合唱团的歌声，天使们“飞”了起来。又有几个天使登场，随后是诸位国王、王后。我又回头看了看，可教堂门还是关着。他没来。

马槽的后面，一个小孩开始大哭。在《平安夜》的歌声中，他的声音尖利刺耳。观众席里有人在叹气，杰瑞德急切地打着手势，东方三圣贤耸了耸肩膀，圣母玛利亚也开始哭。但这些我都没注意到。艾玛的小手正握着我的手指。我紧紧地搂住了她，直到歌声结束，屋顶上像下雪一样落下灰尘。我能感觉到她微弱的鼻息吹拂着我的脖子。我的女儿，我想到，她不是22岁，她不是从什么大学放假回到那个我不认识的家庭里。我的女儿，正在观众的骚动里静静地在我的怀里呼吸。

这时我听到身后的门发出咯吱咯吱的声音，我迅速转过头，朱利安正在关门，上气不接下气。杰瑞德伸过手来，我感觉到他正把艾玛从我的怀里抱走，我松开了手。

硬化疗法[1]

5个月过后凯伦才知道，她左脚踝上的汉字文身的意思其实是“大豆”。当初在墙上的挂图中挑选文身图案的时候，这个笔画纤细的黑色汉字文身下面的解释是：内心坚决，外表平和，泰然自若。而“大豆”这个解释，是她弟弟的亚洲舍友满是尴尬地提醒她的。当时她去了他们5楼的宿舍，将脚踝上的文身给他们看。他问那个文身师傅是不是中国人，她摇了摇头。她问他是不是喝了酒在说胡话，他摇了摇头。凯伦把牛仔裤的裤腿挽了下去，咬着手指甲。她弟弟的室友有点坐立不安：我的意思是，他可能只是从中餐馆的外卖广告单上抄来的。凯伦走下5楼的楼梯，身上带着浓浓的熏香味道。

[1] 一种治疗蛛状血脉曲张等血管疾病的疗法，通过往血管里注射药物，促使血管收缩。——译者注

“今天是5根静脉，对吧？”护士一边翻看着剪贴板上的病例，一边用铅笔做着什么标记。凯伦没有答话，而是把屁股往椅子后面挪了挪。护士僵着脸，噘了噘嘴，调整了一下颜色鲜亮的护士服腰带。“5根静脉，是吗？”她的语速很慢，好像是刻意在强调“5”这个数字。

“他们就是这么说的。”她已经62岁了，不是第一次坐在这塑料躺椅上，也不是第一次让他们小心翼翼地把浓稠的药物注射进小腿里。她讨厌这个过程。不仅仅是因为小腿肿起又消肿所带来的疼痛，还因为在这两个小时的疗程里都要将脚踝展示在别人眼前。她常常穿着高筒袜，用袜筒盖住踝骨上年轻叛逆的标志。可在硬化疗法诊所里，她不能再用袜筒遮盖小腿，也不能再用微笑掩饰她敏感的内心。在硬化疗法诊所里，她想到，只有肥胖的护士和曲张的静脉。

凯伦小腿静脉里的血开始回流。她僵着身子躺在躺椅上，跷着腿，这样双脚就能举在头部以上。注入的药物仍在皮肤上刺痛着她的双腿，腿上稀疏的汗毛都立了起来。

“好了，凯伦，放轻松。”护士拉开一个小抽屉，从里面拿出一包压缩袜，“你肯定很熟悉注意事项了。”她拿出一瓶Lubriderm乳液，挤了些护手霜在手心里。“记着，这两周的时间里，除了睡觉的时候，不要把压缩袜脱下来。”她搓着手，在办公室的灯光下，她的手因护手霜而变得油亮亮的，“你的静脉都堵上了，看到了吧，所以里面的血就流到别的血管里去了。”凯伦点了点头，缓缓地眨了眨眼睛。

“这是什么意思？”20年前，有一次，她贴在脚踝上用来遮盖文身的创可贴因为流汗而脱落了，一个同事如此问道。凯伦尴尬地拽了拽耳垂，说道：“意思是内心坚决，外表平和，泰然自若。”同事点了点头，礼貌地笑了笑，又转过头去办公了。“我那时19岁。”她自嘲般地解释道。她又张了张嘴，却不知道该说什么。这个问题总是困扰着她。每糊弄着解释过去，她总是会很讨厌自己。但她还是一次次跟人这样解释着，好像这样就能弥补皮肤上永久地刻着“大豆”两个字所带来的羞耻。凯伦转过身盯着电脑屏幕，而屏幕上要干的工作也在看着她，她突然觉得眼前的工作是在奚落她。

“唉，”护士突然开口说道，“你这里有个文身呢，女士。”说着，她咧开嘴笑了笑，“是什么意思？”凯伦早就料到了，事实上，她反而奇怪护士怎么过了这么久才看到她的文身。

“意思是内心坚决，外表平和，泰然自若。”她撒谎道。她想，这个谎言倒跟她要摆脱静脉曲张的理由是一样的。护士吁了口气，把头发拢到耳后。

“真不错，很平和的意思。”说着，她解开凯伦腿上的束带，“是在中国文的吗？”

“不，是在布鲁克林文的，那时我19岁。”护士小心翼翼地抬起凯伦的腿，为她穿上米黄色的压缩袜。

毛豆似乎是在嘲笑她。她很想好好吃顿饭，可每次在中餐馆吃饭，这种感觉都会不约而至。要不是因为女儿选择了来吃中餐，要不是因为女儿刚刚从大学里放假回来，要不是因为她要见见女儿正儿八经谈着的男朋友，她才不会来这里吃饭。可事实就是这样，所以她并没有反对。

“那么，布莱恩，”凯伦抬头看着女儿的男友，“听说你打算去上商学院。”布莱恩答了话，可她好像没听见。她慢慢地吃着豆子，想的却是脚踝上的黑线正欢快地变粗。[1]凯伦不知道她是否真像自己想象的那般可悲，她不知道她是否太过专注于自己的感受甚至无法与人进行基本的交流。她抬头看了看布莱恩，他点了点头：“哦，是这样。”他的手正放在筷子旁边女儿的手上。

她好像已经有几个月，也许已经有几年的时间没有真正考虑过这个问题了，这也不是什么需要每天思考的事。白天穿上袜子，晚上再脱下来；穿裙子时在脚踝上贴上创可贴。这些事似乎已经变成了潜意识的惯例。凯伦看了看眼前的这对恋人，他们俩正不时地深情对视。她不知道布莱恩是否算是女儿一时冲动的选

[1] 意指腿上的静脉曲张。——译者注

择，她不知道女儿跟他是否有共同语言。

“好了，完成。”压缩袜紧紧地绷在大腿上，塑料躺椅前倾下来，发出吱吱的声音。房间里似乎比她刚进来的时候暗了一些，看着百叶窗边缘漏进来的光线，她想，可能已经是傍晚了。护士走到屋角的水龙头边上洗手去了。

凯伦看着自己的腿。小腿上的静脉不再像河流一样蜿蜒到脚踝上，但她还是高兴不起来。透过薄薄的尼龙压缩袜，她还是能看见黑色的弯曲细线。她又想起了弟弟那间烟雾缭绕的宿舍，又想起了公司里的那个同事，又想起了第一次见到女婿的那顿晚饭。她轻轻地把脚落在地上，从躺椅上站了起来。“有些事情，”她想道，“是不能在硬化疗法诊所里去除掉的。”

“多保重，女士。”护士正在用纸巾擦着手。

“我的文身，”凯伦正要关门离开，却在门口停了下来，开口说道，“意思其实是大豆。”

海之深处

水母游过的时候，我把大家都叫醒了。它们像雪片一样飘过船身，甚至连列夫都跑到了潜望塔里，脸贴着潜望镜看着。水母发出的光很暗，但我们都能看到彼此的胳膊和轮廓。片刻过后，我们从玻璃罩前离开，互相看着彼此的眼睛。没有人说话，连舰长都没有开口，我能听到爱伦正倚着玻璃罩喘气。我竭力看着，眼睛又酸又疼，可这点蓝光似乎带着一种奇怪的希望。在经历了几周的黑暗之后，我们都像飞蛾扑火一样渴盼着一丁点光明。我们五个人静静地坐在钢板上，大概一个小时过后，水母的荧光消失了，潜艇里再次陷入黑暗。最后，我听到舰长站了起来。他站了一会儿，清了清喉咙，然后摸索着回控制台了。

我们什么都看不见，伸手不见五指，在通道里摸索前行时，也看不见两边的钢板。潜艇的压载舱坏掉、压力计使电路短路的时候，我们正在36000英尺[1]的水下。电力供应还能正常工作，但从里面无法维修潜艇的照明系统。我并不像其他四个人一样生气。列夫狂躁地来回踱着步子，用俄语咒骂着，还用拳头捶门。他比我们几个要年轻气盛、嗓门也大一点。我更喜欢大家都不说话的日子，至少不要说水面上的事，那没有意义。有一次在吃脱水食物的时候我跟他们说到，那一点意义都没有。

剩下的轮班时间里，我仍是等在潜望镜跟前，因为下面轮到我睡觉了。此外，我还想看看洋流是否会改变流向，水母是否还会游回来。我在这里坐了一会儿，它们没有回来，于是我拿出拧成一束的衬衫，绑在了眼上。与其什么都看不见，还不如干脆假装是个盲人，这样还能好受一点。这句话是我在亚利桑那州进行洞穴探险时听说的，但潜艇上的几个人里只有爱伦听从了我的建议。这是一艘阿尔文2号潜艇，体积不大，所以只要我愿意，随便转个身就能从其他几个人身边经过。我听见列夫正在海水淡化罐旁边跟舰长说话，这是很容易听出来的，因为它一直在嗡嗡地运转着。

“要是潜艇上升了，我们会知道的。”舰长一定是坐下了。

“可能不会，长官。也许海沟里的水流压力跟其他地方不一样。”

“我们会知道的，”舰长再次说道，“会感觉到的。”

“那样的话，你怎么解释那些该死的荧光？你很清楚，刺细

[1] 约10973米。——编者注

胞动物是无法在接近零摄氏度的环境里生存的！”列夫又在胡乱走动了。

“海底的间歇泉是热的——”

“间歇泉是热的。去他的，浑蛋[1]！”列夫踢了钢板一脚。我惊得吸了口气。

“爱伦？”舰长听见了我的动静。

“不，舰长，是我，帕特里克。”我说道，“我刚从潜望塔过来。我想看看它们是不是还会游回来。”

“它们不会回来了。”列夫说道，我听见他倚在了钢板上。我等着舰长说话，但他什么都没说。

“我只是想确认一下。”大家都沉默了。我听到贤正在通道尽头侍弄配电板，他是韩国人，不大会说英语，但他是伍兹霍尔实验室最好的技术员。我们听了一会儿他那边的敲击声，又陷入了沉思。舰长走到通风口前，让风吹着他的脸和头发。我知道大家都在沉思，不由得再次想着从远处看过来我们会是什么样子。

“真好，”最后还是列夫先开口说话了，他在墙边说道，“我都忘了能看见东西是什么感觉了。”

“是啊，”舰长说道，“我的手。”

我想象着外面那些像星星一样闪烁的蓝点，想象着它们在潜望塔的玻璃罩外是什么样子。很久以来，我第一次想起了我的妹妹，还有童年时居住的房子。列夫站起身来去他的睡舱了。还不

[1] 原文为俄语，区别字体以说明，下同。——编者注

到他轮班的时候，不过，分派工作已经没有什么意义了。

我们对时间失去了概念，很快，黑暗令我们无法分辨真假。我总觉得眼前有个本不存在的桌子，或是伸手去抓本不存在的扶手。不久之后，我不再幻视，而是在床铺上辗转反侧，脑子里只有声音和感觉：冰冷、钢板、水底。我们的话题里再没有树，更多的是谈论不着边际的东西；我们的娱乐方式也只是没完没了地比赛，看谁能说出某种物质或某种鱼的名称，却每每以某人捶墙擂桌子踢东西，或开始大哭，或默不作声而结束。

有一次大家聚在一起的时候，列夫说他怀疑K国有一艘秘密的深海潜艇。这个假设很荒唐，但其后三天时间里，我们都在设想，国际社会会怎样做通K国政府的工作，让他们派那艘潜艇来寻找我们。爱伦是最相信这种可能性的，因为她正在恋爱，对象是一个住在伦敦的名叫丹尼尔的人。有一次其他三个人在睡觉，我跟爱伦一起清理内部通风口，她跟我说了她恋爱的事。我不知道她为什么要告诉我，也许是因为我的话比较少吧。她30岁了，却很苗条，跟我一样用布蒙着眼睛。接着我突然想起来，她曾跟我说过，这是她第一次真正的潜航。

“他是一个老师，”她柔声说道，“我们是在网上认识的。”我听说过网恋的事，却无法理解。我拿起一瓶清洁剂，将其顺着圆孔倒进一个布料管子里。她站起身的时候，发辫拍在背上，发出一声轻响。“我们还没真正讨论过未来的打算，不过我想，我们是会结婚的。”在眼下的紧张气氛里，爱伦是我们之中唯一一个仍谈论回家这个话题的人。

“他是教什么的？”我不知道该问什么。

“社会科学。”她停顿了一下，“我在剑桥学海洋学博士学位时，我们就认识了。”我想把通风口百叶上的灰尘擦干净，却不知道擦没擦掉。爱伦也在忙碌着，我喜欢她这股工作的劲头。要是我没记错的话，她不算漂亮，但她的头发很长，她的眼睛好像是绿色的。“我不知——”她没有再说下去。

我们继续干了一会儿，觉得差不多了，接着我问她是想现在吃东西还是过一会儿再吃，她说现在去吃。我们走到防潮箱前，拿出各自的食物配给，往混合营养蛋白粉里倒了些水。按规定，阿尔文2号这种规格的潜艇上应装备半年的食物，而原定两周的潜航试验，到现在已经过去了八周时间。我们坐在小餐桌前开始吃饭，但爱伦那边没有了声音，接着她开始颤抖。活到现在，我第一次觉得单身是件好事。我不愿陆地上有人为我担惊受怕。

不久之后大家又开始说话了，低声的。黑暗和四周的环境令人难以忍受，大家似乎都有些崩溃了。列夫开始建议“换一种方法”等待救援。食物早晚有吃完的时候。世界上的任何一艘潜艇都不可能潜到我们这个位置。我们还有六个月时间。但是潜艇需要五个人共同操纵，所以不管是什么事，都必须得到大家的一致同意才行。列夫一开口我就表示了反对，但他的话已经在大家心里种下了种子。当我躺在床铺上的时候，当我想要入睡的时候，当我做噩梦的时候，当我半睡半醒吃东西的时候，当我在五间相同格局的船舱里溜达的时候，当我终于睡过去再次做起相同的噩梦的时候，他的话就会一遍遍地在我耳边响起。

爱伦不想这么做。其实大家的意见都写在脸上，没有必要开口询问。贤和舰长都太过理性，他们不会不同意。列夫是我们中间第一个情绪失控的人，他开始低声嘶吼，在卧舱里用头撞门。舰长说，他在梦里的视力还是好的，还能看见东西。他吃东西很快，这样他才能保持眨眼的动作。我想，在压载舱坏掉的时候，若是潜艇里的灯没有坏，那么情况可能会大不一样。若是那样的话，我们也许可以一直等到食物吃完的时刻。

“过来！”列夫在中央控制台前高声叫道，“过来，过来，快点！”他的声音很尖利，我们还能听到咚咚的撞击声，于是就都跑到了控制室里。舰长扶着列夫坐下，慢慢地，他不再癫狂。贤好像吓坏了，而爱伦则躲到了一边。

“我受不了了。”列夫说道。我们看不见他，但能听到他的声音在颤抖。“对不起，真的，我受不了了。我脑袋里一直往外冒东西。人脸，水……我们会在这儿死去，你们都很清楚，我们会一直在这儿等着，直到死去。有说话的声音，还有——黑暗，还有——”他突然抽泣起来。舰长走了过去，估计是把手放在了列夫的肩上，因为后者慢慢安静了下来。贤平时不大说话，但我们听到他在列夫另一侧轻声劝说。

“好的，”他说道，“好的，不再等了。”我没说话，舰长也没说话，但每个人都知道不能那么做。我们得等。爱伦吸了口气，好像要说什么，却又闭上了嘴，挪了下脚步。沉默中，我忍不住想说点什么，说说时间，说说温度计，但爱伦这时开口了。

“我……”她顿了顿，继续说道，“我……不等也无济于事。他们也许……不是没有可能。”

“不可能了。”列夫缓缓地、直白地说道。爱伦被这句话伤到了。“不可能了。”列夫又大声重复了一遍。爱伦的脚步又动了，她走出了房间。我听见舰长在抓头发。

“她有个恋人，”我说道，“咱们得等她同意才行。咱们得等着她改变主意，因为他就住在伦敦，爱伦……”大家都没说话，我们在控制室里等了很久，列夫又开始在座位里打哆嗦。我又想起了树，我知道这样只会让我更加绝望，但我的脑子里全是树。

从那以后，大家都变了。我们开始彼此猜疑，对任何两个人的对话都充满戒心。爱伦不大说话了，但我们知道她把什么都听在耳里。一天晚上，她站在防潮箱前面，我从她的身旁经过。我不知道她开着防潮箱干什么，可能是在计算食物的数量，也可能是在计算时间。我们是五个人轮班，所以潜艇离开了谁都不能正常运转。列夫也许已经有些狂躁，但他也明白这件事，也知道五个人的意见必须统一才行。所以我们就等着。

我们等了两周时间，有一天，线路维修过后，我听到爱伦的工作台前没有人。

我想，她可能是在卧舱里伤心，于是就走到她的卧舱门口。我想跟她说，不要紧的，我们会继续等下去，不着急。只要我们愿意的话，完全可以再等上半年时间。我们能等。但她不在卧舱里。她不在防潮箱前，也不在海水淡化灌那里。我大声叫着她的名字，但我的声音只是在潜艇的钢板里穿行，没有回音。接着，我听到走廊尽头隐约传来贤的回应，而那个通道，自从潜艇的照明系统坏掉之后我们就再没用过。

舰长跑了过来，我们摸索着找到开关，推开了潜水服仓库的舱门。门开了，可里面一样没有光线，什么都看不见。我趴在地上快速划拉着双手，试着摸到缆绳。一根，两根，三根，只有三根缆绳。而我们一共有四套深海潜水服，大家立刻明白发生了什么事。我们打开通往外面世界的隔舱的内门，抓着缆绳往回拉。海水是黑的，舱板也是黑的，所以我们只听到舱面上传来“咚”的一声，却看不到她的身影。我跑进隔舱里，她的脸摸上去冰凉，身上的潜水服湿漉漉的，但她脖子上的血管还在跳动。她的头盔破了，脸上贴了一层冰。

“爱伦！”我叫道，可她没有回应。“爱伦！爱伦！”接着我明白了是怎么回事。我知道深海对她做了什么。我快速摇晃着她的身子，她震颤了一下，咳嗽着，身子蜷了起来。我立刻把手探到她的耳朵上，浓浓的血水汩汩地流了出来，流到她黑色的长发里。她的耳膜破了。她的身子裹在巨大的金属潜水服里，什么都看不见，什么都听不见。我们把她身上的潜水服脱了下来，她伸出手，摸索着我的脸。这种感觉很奇怪，我想躲开她的手，却听凭她摸着我的鼻子、嘴、眼睛，好让她知道是我。

“她聋了。”舰长说。旁边房间里又传来列夫的抱怨声。我们不知道该怎么办，就把她抬进餐厅，烧了些热水，浇在她和衣躺着的身上。我觉得周围好像比之前又暗了些，接着又纳闷了片刻，怀疑这事是否有可能，我们是不是漂到了海沟里面，我们是不是马上就会听到岩浆吞噬地壳的声音并瞬间被其吞下去。

爱伦呻吟起来。我把遮眼的布条撕成两片，团成两个小球塞进她的耳朵里止住了流血。她在那里躺了很久，最终安静了下来。我们给她东西吃，她好像没什么大恙，于是我们就把她送回卧舱里，又回到了各自的工作台前。列夫在踱步，贤在摆弄按钮，海水淡化罐和通风口发出的噪声抚慰着我的心情。爱伦独自一人处在一个无声的世界里，完全包裹在她的思绪里，包裹在英国某地美好时光的模糊回忆中。

过了一段时间，她从卧舱里出来了，伸着双臂，摸索着她早已熟悉的角角落落。每当从她身边经过，我们都会捏捏她的肩膀，但这是我们唯一能做的事了。她的心已经迷失了。而她逃生的尝试和结果掐灭了我们仅存的妄想。现在，我们只能继续等待。吃饭、四处溜达，吃饭、四处溜达。

我在声呐探测器上接收到了“哨兵”发出的信号。它身上没有金属探测装置，好像是一路沿着海沟盲目地驶过。它体积很小，全自动运行——似乎是他们在如此有限的时间里能制造出来的、能扛得住如此水压的东西了。列夫高喊着跑了过来，我想爱伦可能也感觉到了他的脚步所带来的震动，因为我听到了她关上舱门走出来的声音。

“是音频信号，”舰长说道，“它上面有天线，里面没人。”我们打开声呐控制器，听到一段五分钟的录音。通过无线电检波器，我们听到录音放了两遍，接着它就从潜艇旁边经过，消失在远处。他们知道我们的波段，他们知道我们能收到五分钟的音频信号。从其播放的频率来判断，这么做要花掉百万美元。这是一段价值连城的录音。

录音里，有我妹妹，有舰长的老副官，有列夫的好友，有贤的妈妈。最后几句话是丹尼尔说的，语带战栗：“爱伦，我爱你。爱伦，我再也不想看到大海了……”他还在说着，但我的脑中已是一片空白，听不到他在说什么。爱伦哀声幽怨着，满是疑惑地在旁边踱着步子。“丹尼尔”，我用手指在她的胳膊上写着。我写得很慢，好让她辨认出每一个字。“口信”。她还不明白。我的手在颤抖，于是我写得更慢了些：口信，大海，他爱你。但我们都记不得后面又写了什么，我们的思绪早就被这些字句撕得七零八碎。她猛地甩开胳膊，踉踉跄跄地离开了，最后我们在通风口那里找到了她，她瘫倒在地上，已经睡着了。

时间越来越模糊，食物也越来越少，但我的噩梦从未停止。有时候，趁着舰长在控制室里，或者列夫睡觉的空当儿，我就会爬到潜望塔里，透过潜望镜看着外面无尽的黑暗。我闭上双眼，看到了星星，但水母再也没有回来过。

散文

The Opposite of Loneliness

所以我想说的是，你应该给我回短信。
因为早就有过先例；
因为事情紧急；
因为我快要睡觉了；
因为末日来临的时候，我的手机可能正好没电。
要是你不尽快给我回短信，
我就无法知道，
你是否愿意把影子留下，与我的影子为伴。

——摘自诗歌《核春天》，作者玛丽娜·基根

传承与变化

我那辆1990年的凯美瑞，是在日本丰田跨国集团东京总部的铁墙内设计的，蓝图送到美国肯塔基州希布伦的北美制造公司的研发中心，在阿拉巴马州、新泽西州、得克萨斯州和纽约州的四个部件装配厂组装完毕，用卡车运到马萨诸塞州沃特敦市阿森纳尔街149号，然后在1990年9月4日被我祖母开回家的。它有200马力，3.0升V型六缸发动机，四挡变速器，还有自适应可变悬挂系统。她说这辆车简直太“高科技”了。而在1990年，所谓的“高科技”就意味着有车载录音机、杯托和手动天窗。

“年轻”的时候，它走的路不算多。在15年时间里，我祖母一共开着它走了25000英里[1]，主要是去市场、到我家，还有去市

[1] 约40233千米。——编者注

中心的希腊珠宝店。其黑色的外壳一直亮光闪闪、一尘不染，浅褐色的内饰完好如初，像新的一样。车内的纸巾随用随清理，车座上没有一点杂物，车内不许吃东西。祖母传统的洁癖是一种令人钦佩的美德，而这种美德显然没有遗传到我身上。

我得到这辆老凯美瑞的方式颇为尴尬。离我的16岁生日还有10天的时候，祖父去世了。他活了86岁，死神早就呼唤了他很久。但在听说祖母家这辆多余的汽车马上就要属于我的时候，我还是有一种不安的负罪感。对祖母来说，这是她与祖父作别的一种仪式。她只想看到自家车库里有一辆车，这样她才更能明白自己已经孑然一身的现实。她留下了祖父那辆“更好”的车。葬礼过后又过了3周时间，祖母和我一起去了银行，我在支票上写了1美元交给了她，完成了过户手续。车就这样成为我的了。当天晚上我开着这辆车送她回家。路上，我摇开天窗，打开录音机，放着弗兰克·辛纳屈[1]的歌。几周时间以来，祖母第一次笑了。

在此后的三年时间里，这辆车渐渐发生了变化。我第一次把它开到自家的行车道上的时候，它光亮如新，油箱是满的，祖母认定的生存必需品一应俱全。方向盘旁边的储物箱里，放着一个放大镜、三支笔，还有一个密封的塑料袋，里面装着汽车的登

[1] 弗兰克·辛纳屈（1915—1998），20世纪最重要的流行音乐人物，是唯一能与猫王和披头士媲美的乐坛巨匠。他是一位集歌手，演员，电台、电视节目主持人和唱片公司老板等多重身份的娱乐界巨头，受到全球乐迷的爱戴。他留下无数经典歌曲，得奖记录不胜枚举。——译者注

记注册证。后备厢里，有两把成对的黑雨伞、一个急救箱，还有一个小针线包，以备紧急情况下缝补使用。车里有一种淡淡的香水味道，是伊夫圣罗兰的雅片女士淡香水，跟祖母手腕上的香味一样。

刚开始的一段时间里，我仍能保持着它这种整洁的状态，但渐渐地，车里箭牌口香糖的糖纸一个变两个，两个变三个。很快，这辆车就面目全非了，好像它也进入了中年危机一样。它是在一个嘉言善行的家庭里“出生”“长大”的，在它眼里，我就是学校里的那种“损友”——那种跟单纯质朴无缘、与天真整洁有仇的坏孩子。我们俩的岁数其实一样大，都是18岁。于是，它在我的熏陶下渐渐改头换面，变得杂乱无章，变得蓬头垢面、喧嚣无度。我带给它的是吵闹的朋友、歇斯底里的电话通话，车里到处是借来的裙子和喝空的酒瓶。

我在杂乱的路上越走越远。我的生活散成了碎片，渐渐渗透进这辆车的每一个角落。空寿司盒、可乐罐、拆了包的口香糖、毛衣、运动衫、袜子、跑步鞋……我的杂乱不仅仅表现在生活上，学习上也做到了“一视同仁”，所以车里还有五花八门的报纸、皱巴巴的英语论文、生物课复习材料，以及在上学的路上随记随扔的西班牙语单词卡。汽车左侧后车门的储物袋里塞满了揉成一团的锡纸，那是我早上吃完松饼之后塞进去的。每到星期五，我的车里就积攒了全家人的便携咖啡杯，每到星期天，总会有人抱怨找不到咖啡杯了，而我就会冲到车里将它们扒拉出来，再偷偷地放到厨房的洗碗机里。

我的这辆车，内部绝非整洁敞亮，而是杂乱、拥挤、满满当当的。它变成了我卧室的延伸，也是我本身的延伸。后车窗上，贴着两张车尾贴，一张上写着“共和党是伏地魔”，另一张是平等权利运动的标志。后座两侧的车窗上，贴着奥巴马2008年的竞选标语，但父母让我把它撕下来了，因为它“会挡住视线”。后备厢里放着我的吉他，同时又是我的图书馆，里面有课本、小说，一套《莎士比亚全集》，还有《哈利·波特》全部100章内容的有声书磁带。一些旧磁带散落在后备厢的角落里，里面褐色的带基扯了出来，或连或断地纠缠在一起。它们是后备厢战壕里被人遗忘的烈士，旁边还有我忘了还给梅根的头带。

平均算来，我每天有两个小时是用在了开车上面，基本上是上学、放学各一小时。这辆老式丰田车——我的同学总爱拿它开些轻松的玩笑——已经变成了我在混乱的日常生活中获取安慰和安宁的地方。在这辆车里，我的思绪得以解脱，我的身体得以放松；在这辆车里，能够远离别人的注视和评价。有时候，我在里面收听NPR电台[1]的汤姆·阿什布鲁克评论石油短缺的问题，其他时候则是在收音机里播放的杂集，如“煎饼早餐”“扎染”“雪景高速公路金曲集锦”等。

在“破坏”大业中，我常常会在车上找到情感的痕迹。有两

[1] 美国全国公共广播电台。——译者注

个月时间，每次我打开汽车侧门，总会想起他第一次吻我的情形。黑暗中，他带着酒窝的浅笑若隐若现，我喝醉了一般后退了几步，红着脸钻进车里。汽车后座上，放着一份6月3日的《纽约时报》，我一直不舍得扔掉。在我们从野营地回家的路上，他从头到尾读完了这份报纸，我一边在录音机里放着西蒙和加芬克尔[1]的歌，一边希望他能听出来歌里唱的就是我们俩。途中我们交谈不多，我们不需要语言的交流。下高速的时候，他第一次把手塞进了我的手心里。而直到我送他离开时，我才意识到自己是多么怀念那种感觉。除了这份报纸外，还有真皮方向盘上的指甲抓痕，那是在我们说好了只做朋友的那天晚上我留在方向盘上的。在回家的22.5英里[2]路途中，这辆车听了我一路的哭泣。

很快，汽车里就刻满了我的回忆留下的各种实体表征。有一个雨夜，我开车带着哥哥从婚礼现场回家，一路上我们肆无忌惮地随着音响唱歌，就是在那天汽车后座右侧的喇叭烧坏了，一直都没有修。我还记得，当时的风雨、雷电、音乐交织在一起，穿透我们的身体、穿透汽车的铁壳，在城市里蜿蜒穿行。车里还一直放着一个文件夹，那是我开车送爸爸去面试时他落在车上的。当时他刚失业1个月，他的汽车正巧送去维修了。但我知道，比起这两件事，更让他感觉悲哀的是坐在副驾驶座上的人是他，而不

[1] 西蒙和加芬克尔，20世纪60年代著名的美国男声演唱组合，代表作有《寂静之声》、电影《毕业生》插曲《斯卡堡集市》等。——译者注

[2] 约36千米。——编者注

是他的女儿。一路上我都在注视前方，没有转头看他。我跟那些看到父母哭泣的孩子一样，感受到的只是困惑不已的伤心。

我在这辆车里说过很多话。千万句话、千万首歌、千万次咒骂，就像我在去看牙医的路上弄洒的橙汁一样，都被吸收进车座的纤维里。它知道艾丽去波多黎各时发生了什么，它知道我看尼克和看亚当时眼神的区别，它记得我第一次自言自语时的情形。我在车里背过台词，准备过大学面试，练过西班牙语的口头作文，准备过辩论会。独自一人在车里骂骂咧咧是一件很奇异的事。但在高中所面临的AP、SAT[1]等大大小小的考试压力面前，咒骂泄愤变得越来越频繁，却越来越无力。

我曾开车去过三次“免下车电影院”。在排队看《蝙蝠侠：黑暗骑士》的时候，汽车的电池竟然没电熄火了，我们哈哈傻笑起来，又不得不让旁边超载的那一家人插队排在了前面。爆米花的气味弥漫在车厢里，一周时间还未散去，弄得我每次开车都觉得好像是要去看电影一样。这辆凯美瑞里的气味不断变化。开始的时候是祖母的气味——香水、薄荷、樟脑球；有段时间我喜欢上了喝印度茶，那时车里总是有种印度药草味儿；有些早晨，打开车门就能闻到烟味，我就立刻明白，哥哥昨晚又偷开着我的车出去了。有那么整三天的时间，汽车里是一股烟的臭味：丹尼

[1] AP，全称Advanced Placement，即美国大学预修课程，AP成绩可以抵扣入学后相应课程的学分，也是美国各大学录取学生的重要依据。SAT，全称Scholastic Assessment Test，即学术能力评估测试，俗称“美国高考”。——译者注

从耳朵后面拿出一根卷得奇丑无比的烟，我们五个人哆嗦着手提心吊胆地吸了几口。没出什么事，好像吸了烟气变得飘飘然的只有汽车座椅。话虽如此，在大多数时候，我是闻不出车里的气味。可是，每当有朋友坐我的车的时候，他们总说车里有股香味。我想，这跟我们尝不出自己唾液的味道、闻不见自己的体味是一个道理吧，这辆车已经跟我合为一体了。

在白金汗布朗&尼可斯高中的年鉴上，我被评为最差司机，但在大多数情况下，我拒绝接受这个头衔。他们选我只是因为我得了太多的违规停车罚单，但我并没有别的违章记录。我的违章，受伤害的只有我自己，绝不累及无辜。我或者是把钥匙锁在了车里，或者是把车停在了左车道上。去年冬天，有一次我的雨刷需要补充清洗液了，而我在慌乱之中误把一瓶蓝色的防冻剂倒了进去。而防冻剂，如果过量使用的话，会烧坏发动机。于是，在接下来的两个小时里，我在大雪中开着车在小区里转圈，边开边把防冻剂一股股地喷出去。在此过程中，我没有听音乐，因为我找不到一个名叫“毒死你的汽车”的磁带。

虽然它已年老色衰，里面乱七八糟，但我很爱它。它是我移动的家，冬天它为我加热座椅，晚上它送我回家。我不写日记，也很少照相，所以这辆老凯美瑞就是我青春期的档案馆。我17岁的时候，它也17岁。去年9月，我弟弟上高中了，于是我就把车送给了他。离我去大学报到还有几周时间，父母让我为弟弟把车清理干净。于是，在8月的骄阳下面，我在家里的行车道上清理着汽车，一共用掉了6个垃圾袋，里面装满了七零八碎的东西。我有种奇怪的感觉，清理汽车就像是在重新制作剪贴簿一样，撕下所有的照片，擦掉所有的文字注解。

跟当初祖母把汽车给我时一样，把车送给弟弟也是与过去的生活作别。站在清理一空的汽车跟前，我不由得想到，如果我清理得足够干净，是不是能重新闻到雅片香水的味道；或者，如果我找得足够仔细，是不是能够再次找到后备厢里的成对雨伞和针线包。弟弟笑话我的恋旧情绪，他说，我放假回来的时候还是可以开它。但他不明白，我怀念的不是开车。我怀念的是锡纸团，是《纽约时报》，是那个坏了的喇叭，是方向盘上的指甲印，是那些散乱的磁带，是印度茶的香气……当天晚上，在家里的行车道上，我独自一人坐在车里，打开天窗，久久地听着弗兰克·辛纳屈的歌。

搁浅的鲸鱼

月亮无聊的时候，就杀鲸鱼玩。蓝鲸、长须鲸、座头鲸、抹香鲸、逆戟鲸……在离心力面前都无例外。

月亮猛地将海水从鲸鱼的鱼鳍下面抽走，让它们随着波浪上下起伏，最终向外逃出水面。夜晚，月亮俯视着自己的杰作。银色的月光追逐着撤去的海水，将四处乱爬的螃蟹和乱蓬蓬的海草暴露在月光之下。

慢慢地，笨拙地，鲸鱼明白了自己的处境。它们可以搏击风浪，但它们无法与月亮抗争。它们无法阻挡地球的旋转、海水的涨落，无法阻挡命运的必然——有时候，努力也不会有结果。

每年有2000多头鲸鱼死于搁浅。偶尔，搁浅的鲸鱼只有一头，但大多数情况下，都是整群鲸鱼一起搁浅，成簇或成排地躺在沙滩上。鲸鱼群是有凝聚力的，这是一种团队意识，是对彼此的忠诚。一头搁浅鲸鱼的求救呼号足以将整群鲸鱼召唤到它的身边，脸对脸地躺在同一个沙滩上。这是回声定位能力[1]奏响的致命交响乐，是交感神经谱写的死魂曲。

搁浅的鲸鱼死得很慢。鲸鱼属于鲸目哺乳纲动物，其呼吸是有意识的行为。每当需要吸气的时候，它们就会浮出水面。而它们的祖先则是生活在陆地上，与今日的诸多陆生生物一样，始终处在有氧的环境里。

一旦搁浅，鲸鱼会变得很狂乱，陷入过度呼吸的状态中。大多数搁浅的鲸鱼死于脱水。含盐的空气促使它们的油性毛孔不断收缩，吸走它们体内的水分。没有了水的浮力，鲸鱼真的是自己把自己压死的。有些鲸鱼在脱水之前就死了，它们的肺不堪庞大身体的重压，最终窒息而死；有些是被大浪带来的海水堵住了气孔，在因虚弱而无法移动的时候慢慢被灌满。一般情况下，搁浅的鲸鱼不会活过24个小时。

死亡临近的时候，它们开始打嗝，喷气，尾鳍狂暴地拍打着地面。最后，它们微微张开嘴，不是全部张开，而是像脸上挂了一个永久的微笑一样。到此就结束了。我知道，因为我曾亲眼见到23头鲸鱼慢慢咧开嘴，眼睛慢慢失去光泽。

那天早上，我从睡梦中醒来，却发现我家窗外变成了一个急

[1] 某些动物能通过口腔或鼻腔把从喉部产生的超声波发射出去，利用折回的声音来定向，这种空间定向的方法，称为回声定位。蝙蝠和某些鲸类都具有回声定位的本领。——译者注

救中心。科德角上，我家门前的沙滩上躺着大约50头领航鲸，它们周围全是慌乱的街坊四邻和动物爱护者。我还在睡觉的时候，海岸警卫队就已经抵达了，早就开始用船上的大渔网把这些庞大的生物拖回海里。志愿者们自发结成小组，或是围着鲸鱼头部挖掘水槽给它们降温，或是将湿毛巾敷在它们身上防止脱水，或是排起长队用水桶往它们身上泼水。现场的气氛紧张、困惑、急迫。

领航鲸是鲸目里数量最多的海洋哺乳动物，成年的雄性领航鲸长达20英尺（约6米），重3吨，雌性领航鲸身长16英尺（约4.8米），重1.5吨。

它们庞大的身躯反而成了累赘。跟去年夏天同样在我家附近海滩上搁浅的3只海豚不同的是，拯救50头领航鲸几乎是不可能完成的任务。若是潮汐和地势同时作怪，就会有大群领航鲸搁浅。潮水将它们送上沙洲，接着便弃之不顾。

人对动物的态度很奇怪，尤其是对大型动物。在韦尔弗利特海湾的码头上，每天都有数千条鱼被刮鳞、开膛，再配上香料和柠檬汁，但没有人往它们身上拍洒海水以防脱水而死，也没有人在它们张着嘴死去的时候哭泣。

领航鲸不是濒危物种，但人们还是愿意花数万美元来营救它们——用卡车把受伤的送到水族馆，有的地方甚至动用直升机把它们从海滩上吊起再放回海里。也许是它们庞大的身躯触动了大家的同情心；也许是《圣经》中约拿和鲸鱼的故事，或是受小说

《大白鲸》里的情节的影响；也许是上周我们读到的那篇文章，澳大利亚的一头鲸鱼能看懂人类的手语……有没有智慧才是关键，对吧？大脑的体积才是重点，对吧？那些搁浅的鲸鱼知道自己就要死了。它们有语言，有情感。它们是胎生的，好不好！韦尔弗利特码头上渔网里的那些鱼会怀孕吗？它们对逼近的死亡有情感反应吗？

有时候我心生忧愁，因为人会害怕帮助别人。帮助动物，其风险就小了很多，不用太害怕失败，不用太担心纠缠不清。在看战争片的时候，看着士兵成百上千地死掉，观众们无动于衷；但看到一匹战马被杀，大家的心都碎了。《我的小狗斯齐普》是这样，《猫狗也疯狂》也是如此。

家住附近的一位女士得了癌症，我们并没有全城出动前往慰问。我们又是推又是洒水地在鲸鱼身边忙了一整天，可在回家途中却对路边长椅上蜷缩的流浪汉视若无睹。他们就是路边搁浅的鲸鱼，他们夜晚露宿街头，在下水道旁取暖，他们也是奄奄一息；但我们看不到全城的人排队为他们分发食物，没有救援中心，也没有直升机。

50头搁浅的鲸鱼是一个迫在眉睫的大灾难，人们在救援过程中的努力众目昭彰，在此过程中还洋溢着一种齐心协力的友情。而在大家心中，自己已经化身成为《人鱼童话》《海豚的故事》里的主人公。相比而言，从公园长椅上将一个流浪汉叫醒并把他带到收容所，就不那么浪漫；写一张支票寄到国际乐施会，也不会收获太多的满足感。

假如被海浪推上海滩的是人，我们还会这样激动慌乱吗？会的。但海浪不会把困苦的人送到我们面前，他们总是隐匿在城市的角落里，在清冷的房子里，在不为人知的、偏远国度的非洲平原上，身患冷僻的疾病，奄奄一息。

从理论上说，我们应该把资源用在人类身上，我们T恤上写的“拯救鲸鱼”应该改成“拯救埃塞俄比亚难民”才对。这是一个连小孩子都能提出的问题：我们为什么要花那么多时间去关怀动物？是的，动物的福祉很重要，但人类的福祉更重要啊。

去年，一个非营利性组织花了10000美元将一头受伤的鲸鱼运到佛罗里达州的水族馆里，可三天之后它就死了。从理论上说，这10000美元完全可以买到数万包配给食物。而“从理论上说”是不负责任的。

凌晨4点，当我看着一头濒临死亡的鲸鱼的眼睛的时候，就冷静不下来了。离涨潮还有4个小时，得保持它身体的潮湿。还有3个小时，没有时间去考虑什么理论了。随着海浪的涌动，我的理性消失得无影无踪。

我在那里帮了一天的忙。我们一共救了27头鲸鱼，其余的23头或是离海水太远，或是太老，或是已经苟延残喘。那天晚上，在志愿者们都回家之后，我从卧室里走了出来，回到海滩上去看剩余的那些鲸鱼。

潮水已经涨到一半了，我赤脚走在海滩上，近岸的海草在我的脚下嘎吱作响。海水正在上涨。月光洒在斑驳的海滩上，一个个小水洼和一只只牡蛎都闪烁着微光。

活着的鲸鱼很容易就能辨认出来。它们的身体依然潮湿，在月光下还有光泽。我从几头鲸鱼的尸体中间走过，跪在一头老鲸鱼的旁边。它正深深地喘着气，频率远比一头健康鲸鱼要急促多了。

我摸着它的鼻子，把脸贴在它的眼前。我知道它就要死了，它知道它要死了。我们都知道，不论是它还是我，都已无力回天了。

搁浅的鲸鱼都是侧躺着死去的，一只眼睛陷在沙里，另一只眼睛直直地看着天上的月亮，看着那个将海水从它身下撤走的圆形天体。

鲸鱼在陆地上无法回波定位。我想象着自己在妈妈身边，或是在爱人身边慢慢死去却无法说出遗言的情形。我曾劝自己说，一切都会好起来的。但它不会好起来了，就像那个流浪汉不会好起来了，那个埃塞俄比亚的难民也不会好起来了。

也许我该去安慰一下那些人，拍拍他们的肩膀表示支持，把金钱、时间、生命用在帮助那些双脚行走而非回波定位的人上面。

月亮推拉着涌动的海水，慢慢没过我的脚踝。我还没有想通问题的答案，而鲸鱼的下巴已经慢慢咧开，做出一个浅浅的微笑。

与麦为敌

在我临死之前，会让护士给我拿来这些东西：一盒奥利奥、一包金鱼饼干、一个麦当劳汉堡、一包唐恩都乐甜甜圈、一个鸡肉馅饼、一个“热口袋”卷饼、一大块意大利辣香肠比萨、一个法国可丽饼、一瓶冰镇啤酒。在我人生的最后时刻，我要慢慢享受这些食物，直到咽下最后一口气。我要先从甜甜圈开始，然后是唐恩都乐的柠檬味“波士顿巧心贝”，不放过每一口卡路里。而亲戚们则在叹着气，写着给我的悼念卡。接下来，我要尝尝比萨和啤酒，而医生则在缝合我的刀口，用低沉的声音说道：“唉，太迟了，我们无能为力了。”大家就都围在我的身边，互相搀扶着，轻声哭着，而我则大吃着“热口袋”四层卷饼和麦当劳的巨无霸汉堡。

我是过敏体质。面包、意粉、麦片、烤饼、酱油、面筋、一粒小麦[1]、大麦提取物，等等。归根到底，它们可以归结到一个词上面——一种潜伏在各种食材里的毫不起眼的蛋白质：麸质，多肽链之王，是我生命的克星，也是我最后一餐的主角。它就潜藏在各种调味酱、杂烩汤里，在各种人工色素和香味剂里。它会随着各种美味偷偷跑到我的小肠里，将小肠黏膜上吸收营养的绒毛全部杀死。

这就是所谓的“麸质过敏症”：一种自身免疫性疾病，对小麦、黑麦、大麦及其他常见谷物中的谷蛋白过敏。一旦摄入谷物食品，我的组织型转谷氨酰胺酶就会对其进行改造，而我的免疫系统就会与我的小肠组织发生交叉反应，导致炎症反应，损伤肠道黏膜，妨碍营养吸收。换句话说，我体内的白细胞会狂乱地将摄入的谷蛋白视作病毒，并且无视我的意愿，将我的小肠作为阵地向其开战，顺便把阵地变得一片狼藉。

数年前，妈妈在救了我的命之后就教给我“转谷氨酰胺酶”这个词。刚生下来的几个星期里，我四肢纤细、胃部鼓胀，令诸多医生、专家困惑不解。我身上好歹不见长肉，吃什么吐什么。最后通过一种叫作“钡餐”的检查才找到了原因，原来我的胃长

[1] 学名Triticum monococcum，是小麦属中最原始的二倍体栽培种，野生的一粒小麦发现于新月沃土地区石器时代的遗址中，约公元前7000年在今土耳其东南部地区开始被人工培育。一粒小麦的穗较小，麦粒排列紧密，扁平整齐。穗轴脆，易折断。晚熟，产量和品质都极差。可以做小麦种质资源。——译者注

在了胸腔里。于是赶紧动手术来纠正这个“食管裂孔疝”[1]。可手术过后我还是面黄肌瘦、体弱多病。我的情况并没有好转，反而总是营养不良。出院之后，我就在各种求医问诊之间周旋，回到家里又在高脚椅上吃麦片和椒盐饼干，或者其他看不出“有毒”的食物。我妈妈没有专业医学知识，于是她就在波士顿最大的图书馆里寻找答案。她埋头于厚厚的书中，在天书般的拉丁语标签里寻找对应的症状。终于，她在字母C的词条里找到了答案。[2]“检查一下。”她对那群白大褂说道。他们照做了，她是对的。于是，在我18个月大的时候，我第一次吃到了米糕。

如果把麸质过敏症比作一个籍籍无名的地下乐队的话，那么我敢说，我是它最早的歌迷。现如今，在食品超市和当地小餐馆里随处可见标有“无麸质食品”字样的标签和纸杯蛋糕。很显然，我是潮流的引领者。我是“新素食主义者”。我是横扫旧金山和威廉斯堡的新饮食主义排头兵。*Glamour*时尚杂志开始刊登无麸质食品的食谱，《每日野兽》网站去年夏天还撰文说无麸质饮食在好莱坞明星中的流行现象。我觉得他们都疯了。话虽如此，我很赞赏这种对无麸质食品的宣传。1990年我被诊断出“麸质过敏症”的时候，这个词还鲜为人知，而到了今年，无麸质食品已

[1] 食管裂孔疝是指腹腔内脏器（主要是胃）通过膈食管裂孔进入胸腔所致的疾病。——译者注

[2] 即麸质过敏症，Celiac Disease。——译者注

有了26亿美元的市场。据估计，到2015年这个数字还会翻一番。这种以大米为主食的潮流最早源于瑞典的营养学家和美国纽约的医生，但对我而言，它的源头就在我家里。

我哥哥总是打趣我妈妈，说她对麸质过敏症的关注已经到了狂热的地步。也的确如此，她总是无休止地制作各种不含麦面的饼干和面包，从烤箱里端出来，从平底锅里取出来，再堆到我的面前。我在家的时候，它们是在每天的早餐里；我不在家的时候，她就用包裹寄给我。她常常给我写电子邮件，告诉我新发现或新面市的“安全”食品。“Rice Chex牌的产品是无麸质的！”她会在信中如此写道，似乎对这种方形的脆饼干比我还要激动。逾越节[1]快到的时候，妈妈就像迎接“降临节”[2]一样一天天算着日子，满怀热情地等待着“无麦”时期的到来。我颇为不屑地看着大半个学校因为一周时间吃不到面包而陷入恐慌，我妈妈此时却兴高采烈地跑到偏远的超市里，寻找最好吃、最好看的洁食蛋糕。

除此之外，她还时时保持着警惕。麸质无处不在，即便是一粒面包屑——一粒面包屑里的一点粉末，也会让我患病。这跟普通的胃病不同，如果不能保持无麸质饮食，我很可能会患上甲状

[1] 又称之为除酵节，是犹太人最重要的节日之一，逾越节期间不得食用发酵的食品。——译者注

[2] 即圣神降临节，自圣诞节前的四个星期的星期日起至圣诞节止，为迎接耶稣的诞生和他将来的复临这段时期。——译者注

腺癌、糖尿病或其他致命的疾病。她告诫我说，这些才是需要小心再小心的真正原因，也是她有好几个煮意面的漏勺和刀具并分开使用它们的原因。从她那里，我学会了查看商品标签里隐藏的配料，学会了打电话给食品生产公司询问他们产品里使用的焦糖色素和淀粉的来源，学会了不吃跟面糊炸肉同一锅油里炸出来的食物，学会了去餐馆吃饭时让大厨在给我做饭时使用新的烤架、新的色拉盘、色拉调料里不要使用面粉……我们一直小心翼翼，我们一直做得很好，从未有过纰漏。在家的时候，我从未过敏过。

要做到这一点并不容易。我上小学的时候，当时孩子被确诊为麸质过敏症的家长面临着信息资源匮乏的现状，妈妈对此深感不满，于是决定求人不如求己，自力更生。在医院肠胃病科医生的帮助下，我英语专业出身的妈妈创立了“波士顿儿童医院麸质过敏症互助小组”。在此之前，为了抚养我和哥哥，她已经辞职在家，但家里的办公桌上很快就堆满了各种资料。这个小组是她从无到有一点点创办起来的，渐渐地，小型会议变成了大型专题会议，备忘录变成了时事通讯，她也成了当地麦芽醋衍生产品和食物交叉污染方面的专家。顺理成章地，我也成了麸质过敏症儿童的典型代表。我在时事通讯上撰写专栏，还拍了一个教育短片。“不要紧，”我总是对那些悲伤的父母和牢骚满腹的孩子们说，“不过是食物而已，没什么大不了的。”

可事实并非如此。

在成长的过程中，我喜欢脱颖而出的感觉。我穿着五彩缤纷的肥裤子上学，在学校的戏剧里扮演角色，在集会上独唱，在课堂上踊跃发言。我总是自信满满，从小学到中学一直如此。我拉直了头发，跟十来岁的“小男朋友”手拉手逛街，在食堂里吃午饭时，我也是跟那些女孩——那些画了眼线、涂了唇彩的女孩们坐在一起。我跟她们一样高声尖叫，还偷男生的帽子玩。我们都喜欢引人注目的感觉。但真到了吃饭的时候，我就恨不得别人都看不到我。

到了六年级的时候，用便当盒的学生越来越少，用一次性泡沫塑料饭盒的越来越多。已经很少有孩子会从家里带饭到学校了，只有穿着童靴和卡通衫的小毛孩才从家里带饭。可是每天下午，我都会拿出一个保温杯，里面是热气腾腾的无麸质意面或菜汤。有时候妈妈会给我装上米糕三明治，或是炸洋蓟。我每次都三口两口把饭吃完，因为我受不了周围同学那些令人尴尬的问题：“你为什么吃这个？”“那个奇怪的饼干是什么东西？”“要是我跟你在一个杯子里喝水，是不是会传染上我？”大多数问题我可以耸耸肩膀一笑了之，但有一个问题我很难回答，而是像惧怕面包屑一样避之唯恐不及。

“唉，你要是吃了麦子会怎么样？”

会拉肚子。但我从没有告诉过他们这个答案。

妈妈不遗余力、事无巨细地避免我会出现上述情况。但她要求我被平等对待的固执常常让我下不来台。在学校郊游的时候，她会提前给老师打电话，并提前把无麸质的冰激凌圆锥筒放在他们那里。所以，每当大巴车停下来、学生们一起吃冰激凌的时候，老师就会在车厢前面朝我大喊："玛丽娜！过来拿你特制的冰激凌筒，你妈妈送来的！"当天晚上回家之后，我就站在厨房里朝她大喊：你为什么要这么做？你为什么不先问问我的意见？你为什么总让我出丑？……她只是站在那里，既惊慌又伤心，"我以为你会喜欢，"她说道，"我知道你喜欢在吃冰激凌的时候吃下面的甜筒。"

感恩节也是一样。为了保证我的节日过得既独特又不打折扣，她总是每种馅饼——南瓜馅饼、苹果馅饼、巧克力核桃馅饼——都做两样。我对此的反应并不是感激，而是在家庭聚会上从头到尾气呼呼的，既尴尬又内疚。叔叔吉姆总是对那些馅饼大发议论："三种无麸质馅饼！你真是太幸福了！"我则总是怒火中烧，脸红脖子粗地跑到厨房里，去切胡萝卜或叠餐巾纸。可我总逃不出她的手掌心。夏令营、去朋友家过夜同样如此。夏令营的辅导员、朋友的父母总是用妈妈提前送来的特制点心令我难堪。

我第一次在万圣节晚上出去捣蛋的时候，妈妈提前给所有的街坊四邻打了电话，提醒他们给我无麸质的糖果，说M&M、Skittle这两种糖果是我可以吃的。给小区里的每个家庭、每个独居的老人打电话，一定用了她好几个小时的时间，但我对她的回报只有抱怨。六年以后我家所在的这条街道还被称作“麸质过敏大街”。“不要紧的，”长大以后，一提起这件事，我的朋友们都会大笑着说，“我们收到的也都是M&M。”

然而我却从没有自知之明。我一直把自己当成麸质过敏的局外人。我会在专栏里给那些感到无所适从、心烦意乱、不敢出去旅行、不敢跟人约会吃饭的孩子们回信。“只是食物而已，”我总是如此写道，“真的只是食物而已，没什么大不了的。”可我呢，我不喜欢三种特制的馅饼，不喜欢特制的冰激凌筒，我只想跟别的孩子一样，过普普通通的生活。我能看到妈妈真挚的付出，但只是觉得那都是自找麻烦、多此一举。比如说，一看到金枪鱼罐头，她就会立刻去查看其是不是无麸质食品，可我还没来得及告诉她，我讨厌鱼罐头那咸腥味儿，根本就不会去吃。我嘲笑她对我的呵护，对她的努力也不屑一顾。我真的做得出来，因为我还太年轻，理解不了她的苦心。

在我出门上大学之前，妈妈就一意孤行地跟学校的后勤部门取得联系，想要弄明白我在学校食堂里能吃什么、不能吃什么。她还给食物供应商打电话，索要食材的相关信息。她还给我列了一张长长的单子，上面逐条写了什么食物是安全的，什么是不安全的。但当我来到耶鲁之后，就在满目的新鲜感中把这份名单抛到了脑后。我吃东西之前不会先去查看一下名单，也忘了守住饮食的底线。这里有太多新鲜事物等着我操心，哪有心思去考虑忌口的问题——怎么既不喝啤酒又能玩啤酒乒乓游戏；怎么避免跟刚刚吃了比萨的男友深吻……大一结束时，我的体重轻了五磅，妈妈很担心，就问我名单的事。我对她承认说，名单太难记了，坚持不下去。于是，在我的大二学期开始之前，她凭一己之力调整了耶鲁大学的食物过敏规章。凭借她在波士顿儿童医院的声誉，她跟我们学校食堂的主厨以及后勤主管进行了一番交涉，成功地将无麸质谷物和无麸质百吉饼引入了学校食堂，并且让学校在每种含麸食物的简介里加上了“麸质食品”的标签。太难以置信了，太令人震撼了。看着她一个接一个地打着电话，我能看到她眼里的笑意和一丝自豪。

大三那一年，我从学校宿舍里搬了出去。离开了校园，也就离开了学校食堂的“饮食计划”。跟冰激凌甜筒和感恩节馅饼一样，我又一次辜负了妈妈付出的时间和努力。可我想在大一点的房子里生活，我想在大一点的床上睡觉。我因离开校园而心感内疚，却又对这种内疚而烦恼。说到底，我可没让她做这些事。虽然她奇迹般地促成了此事，但她的努力令我烦闷。她总是带着六大包食物来耶鲁看我，把三种口味的无麸质椒盐饼干搬进我的宿舍里。

每当放假在家的时候，我的体重就会增加。从我的汽车停在家里的停车道上那一刻开始，到我提着行李钻进汽车返校时为止，每天每顿饭都是盛宴。我讨厌这样，然而要是拒绝她的好意就太不近人情，所以我就胡吃海塞各种无麸质食物。每年的假期里，我的跑步计划、瘦身计划都在她殷勤奉上的食物面前化为泡影。今年4月里一个温暖的周六，我从睡梦中醒来，发现眼前厚厚一堆蓝莓馅饼。而我肚子里昨天晚上的咖喱鸡还没消化完，看到这盘子馅饼，我一下子爆发了。接下来，妈妈就静静地站在那里，听我残忍地抱怨说她想让我变胖。“别再给我塞东西吃了，妈，”我带着冷冰冰的恼怒说道，“你给我吃这么多鬼东西，我怎么可能保持身材？”妈妈强忍着委屈，依然随和地为自己的劳累道歉，为做的巧克力香蕉松饼、核桃软糖糕饼道歉。她把我的盘子端到洗碗池边上，就去书桌那里了，只留下我一个人待在厨房里，闻着淡淡的槭糖浆香味，满心羞愧地吃完一杯酸奶就上楼了。

一年过后，我在饮食上已变得粗心大意。我开始冒险，不再有所顾忌。在饭店里，我不愿再去找厨师说明情况，要求特殊照顾；在我自己的厨房里，我也懒得在煮意面时用单独的漏勺；我在男友喝完啤酒之后跟他接吻；也疏忽了在食物包装上查看其使用的人工色素。我的过敏体征大幅消失，而血液里的任何麸质所造成的影响也只是在统计学上增加了患癌的概率而已。在我用装过饼干的盘子吃奶酪的时候，不会考虑自己的红血球数量会有什么变化。我年轻，我身体好，只是食物而已，我一遍遍糊弄着自己。没什么大不了的，真的只是食物而已。

今年2月一个冷天的早晨，在看完我参加演出的一场戏剧之后，全家人一起出去吃早午餐。我们去了雅普街的一个饭店，穿过一个个雪堆，满脚泥泞地走进其高雅的大门里。我很高兴能跟妈妈聚一聚，能说说话，跟她拥抱一下。最近这个月我过得很不顺心，被找房子住和暑假的计划搞得心里很烦，而能跟家人相处片刻令我轻松了不少。轮到我点菜的时候，我要了一份蔬菜蛋卷、一份烤土豆，没要店里的家常炸土豆片。“我对麸质过敏，”点完菜之后我又对服务员补充道，“没什么大不了的，不过你最好跟厨师说一声。”我能感觉到妈妈正隔着桌上的花在紧张地注视着我，但她忍着什么都没说，直到服务员送来橙汁的时候才忍不住开口。

“玛丽娜，亲爱的，”她说道，“你没跟厨师说用干净的锅给你做蛋卷？”

“没事的。”我玩着手里的叉子说道。

“哦。那他们用的油呢？”我知道她不想烦我，不愿对已经21岁的女儿指手画脚。

“妈，不要紧的。有99.9%的可能是没事的。”

但这还远远不够。

今年3月的一个雨夜，我正闷头用笔记本电脑上网，这时偶然看到一篇文章。当时我是在搜索什么样的伏特加酒是不含麸质的，却找到了一篇有关怀孕和无麸质饮食的文章。文章里说，根据最新研究，麸质食物会影响麸质过敏者腹中的胎儿。文章还说，哪怕只是一丁点麸质食物，也会影响胎儿对营养的吸收。我把文章来回读了两遍，关掉了音乐。在那一刻，我突然意识到一件事，等我怀孕了，我一定会像疯子一般谨慎小心；我会只在家里吃饭，只用清水煮大米和蔬菜；我会给每家食品公司打电话，询问其产品的每一种成分由来；我会一遍一遍又一遍地核查食品信息。接着我哭了。

有一年暑假，我和妈妈在客厅的电视里看以前拍的家庭录像，这时发现了一盘拍于我周岁生日派对上的录像。录像中，我坐在高脚椅上，头上戴着圆锥形的寿星帽，家人和朋友都聚在一起，欢笑着，朝摄像机挥着手。一会儿，屋里的灯关掉了，妈妈走了出来，年轻，一头长发，脸颊饱满，眼神明亮。照亮她的脸庞和小客厅的，是一个漂亮的生日蛋糕上插着的米老鼠蜡烛。“祝你生日快乐，”大家一起唱了起来，“祝你生日快乐。”可就在那时，我现实中的妈妈，这个消瘦了很多、老了很多的妈妈突然捂着嘴、目光呆滞地盯着电视屏幕。

“哎呀，蛋糕是麦面做的！我那是在害你啊，”她摇着头嘀咕着，“玛丽娜，我那是在害你啊，我是在害你。”我跑到电视机前把录像机关掉了。

“不要紧的，妈。”我说道。可她已是浑身打着哆嗦。

这时我突然记起爸爸曾跟我说过的一件事。那时我才刚生下来不久，不是在住院就是在候诊室里。他曾劝妈妈回家或到医院的访客休息区里睡觉，但她总是不听。每一天晚上，她都是在病房或候诊室门外的椅子上坐着度过的。

一转眼19年过去了，我躺在宽大的床上，茫然而无头绪，无心睡眠。我打开电脑，看看Facebook，看看电子邮箱。我想起了万圣节里的糖果，想起了到朋友家过夜时的零食，想起了那些冰激凌甜筒、万圣节馅饼；我想起了从小到大妈妈做过的数千个巧克力蛋糕，数千个打过的电话；我想起了蓝莓馅饼、蔬菜蛋卷、医院的病床、我的周岁生日蛋糕……我又读了一遍那篇网文，然后关灯睡觉。“等我怀孕了，”我对自己说道，“我只吃大米饭。”

末日之趣

或许你还不知道：太阳也有寿命，也会死。

我在思考未来的时候，不会去想那些无法逃避的结局。话虽如此，即使我们解决了全球变暖的问题，清除了核武器，控制住了人口，如果人类始终居住在地球上的话，其灭亡也是在劫难逃的。最终，不可避免地，我们必定无法在地球上长久居住下去，因为我们的太阳，是一个逐日黯淡的大火球。

统观各个方面，我觉得考虑到生命的传承、遗传学以及其他身后延续的事，人类必死的命运还是最容易接受的。尽管如此，我们的身后遗物——我们写的书、种下的植物很快也会在黑暗中结冰、腐烂。

不过，也许还有希望。

一个星系真正的希望在于，其中是否有个行星能够进化出一种生命形态，这种生命形态能进化到足够智慧的阶段，发展出足够发达的科技，能在这个星系的太阳爆炸之前，将这种生命形态送到其他星系并存活下去。我收集了一些有限的比较数据，不过我认为，就现在来看，我们做得还算不错——我们已经有了智慧的生命，有了正在发展的科技，还实现了初级阶段的太空航行。并且，在太阳的氢耗尽变成红巨星并最终死亡之前，我们还有很多时间。

但是，除非我们能找到在外太空生存和航行的方法，以上种种都毫无意义。也许我们能行。我的结论是，如果我们能到达那个阶段，你们将跨过一个卓越的门槛，进入一个（罕见的）进化阶段，比创造了人类生命的诸多资源活得更久。

这是宇宙层面的“物竞天择”，也许可以称作“外星人的起源”，或行星的适者生存。在太阳“熄灭”之前，这些行星上能进化出足够智慧的生命逃离这个星系。我想，除了上帝之外，NASA[1]就是我唯一可以依赖的了。独自坐在笔记本前面，这些想法令我自惭形秽。大二那年我的课程里既有“银河系与宇宙”，又有“国际关系导论”，而在前者面前，后者显得是那么渺小可笑。

那天晚上，这个想法又冒了出来。出于本能，我幻想着地球

[1] 美国国家航空航天局，又称美国国家航空和太空管理局，是美国联邦政府的一个行政机构，负责制定、实施美国的民用太空计划、与开展航空科学暨太空科学的研究。——译者注

只是诸多与太阳赛跑的行星中的一个，人类仅仅是达尔文进化论在银河系的代表。不过也许不是这样。也许所谓的外星人只是瞎话，在生物学进化链上，地球上的人类是唯一一个美丽的奇迹。如果我们能赢下这场赛跑会怎样？如果我们真是宇宙大爆炸中进化到最高智慧层面的生物，那会怎样？如果其他行星上除了细菌和单细胞生物什么都没有，又会怎样？

此前诸多进化过程中的失败案例始终在给我们敲响警钟。在跟太阳这个巨大的气体定时炸弹的赛跑中，人类也许能赢；人类也许能像传递奥运圣火一样在宇宙中生存下去。这是多么光辉的荣耀，这是多么沉重的责任。而能够生在这个充满氧气、二氧化碳的星球，有数百万年可以进化，还有那么多的有机体供我们取用，还有可以循环的能源，这一切是多么慷慨的馈赠。

最为重要的是，我认为我们能行。我认为，我们能在地球变冷之前进入太空。

我只是希望，在那之前我们不要自寻死路。因为人类进化到现在，数百万年真不是个短时间，我不想让宇宙对我们失望。

杀生谋生

汤米·哈特捏着一只死老鼠的尾巴在手里转动着，咧开嘴笑了。

“吼吼，找到一个受害者，真不错。”他惊喜地说道，从洗碗池下面爬起来，舔了舔嘴唇，“还有人点了啮齿类动物吗？”说着，他被自己的笑话逗得哈哈大笑起来，蓝色的眼睛里闪烁着兴奋，又继续寻找着被老鼠夹捕获的老鼠。现在是上午9点30分，地点是位于芝加哥市的“拉瑞湖畔餐厅”。汤米的黑色袋子里已经有了三只死老鼠，他的心情不错。“朋友们，”他对围在身边的四个年轻厨师说道，“这就是他们叫我‘死亡博士’的原因了。”说完，他踌躇满志地朝四周看了看，哼起了《大白鲨》里的主题曲。即使作为一名63岁的除害员，托马斯·H.哈特也显得有些怪异。

“我不知道究竟是该为你抓到老鼠高兴，还是为你不断找到老鼠生气。”一个高个子、留着胡须、胸前铭牌上写着“厨师长”的人说道。他看着眼前的除害员四肢并用地在厨房的地上四处爬着，感觉有些哭笑不得。去年一年，“拉瑞湖畔餐厅”一直有点鼠患问题。两个月前拉瑞给汤米打了电话，此后，汤米每个星期都会过来除一次鼠。

“拉瑞，拉瑞，”汤米说道，一只手提了提身上的旧工装裤，瞥了拉瑞一眼，“你的厨房很快就会变得干干净净了。”他的头又低了下去，呼哧呼哧笑了起来。

时间尚早，厨房里还是有些暗。一束黄色的光柱从汤米手里1英尺[1]长的金属手电筒里射出来，在经济装的蛋黄酱瓶子中间照着，查看之前放好的老鼠夹。地板实在该好好拖一拖了。空气里飘着附近湖上的酸臭气味，倒是跟汤米这身海员打扮很是相配。他头上戴了一顶希腊渔夫帽，在帽子前面别了一个金属北梭鱼徽章，因为那样“感觉才对”。他的灰色卷发从帽檐里垂下，搭在脸上，而脸上全是笑纹。他皮肤黝黑，眼窝深陷，灰白的眉毛很浓密，留着海象式胡子。黑色的防风夹克里面，穿着一件红、黄、蓝、绿条纹汗衫，汗衫的左胸位置印着“BEEF EATER”的商标字样。

汤米干灭害这行已经有大约40年了。“虫子、老鼠、松鼠、

---

[1] 约0.3米。——编者注

鸟，只要你家里有，我就能帮你除掉。”汤米热情地笑道，“怎么会不干呢？我爱这一行。”他以前在埃文斯顿[1]的一家害虫防治公司工作，后来公司所在的大楼被国税局占用，他就决定跟一个名叫克里斯·欧莱利的同事合伙创业。“我们俩成本分摊，赚的钱也是对半分。很好的一个家伙，欧莱利。创业自己干是我这辈子最棒的决定。”这时他的脸色沉了下来，“可是我的合伙人几年前去世了。”说到这里，气氛变得有些凝重，他也变得有些不安，于是立刻改变了话题：“他是得肺炎死的。病毒，你知道的，所以说，他终于还是死在了虫子手上。”他咧开嘴笑着，可眼里全无笑意。

“嘿，汤米，我去人行道上除雪了，”拉瑞从餐厅大堂里喊道，“要储物柜钥匙的时候，叫我一声。”

“是，先生”[2]。汤米高声答应着，打开了盛放除害用品的深绿色工具箱。他把手电筒咬在嘴里，拿出几个新的老鼠夹和一些粘鼠板。他哼着跑调的歌，粗糙的手迅捷而无畏地打开一个个老鼠夹。“这就是我的名片，”他拿着一个方形的老鼠夹，用低俗的汽车推销员的腔调说道，“我干的可是真正时髦的买卖。”说着他又大笑起来。接着他从工具箱的另一个隔间里拿出他的独门鼠饵——Slim Jims牌腊肠。他解释说，腊肠的味道和黏糊糊的质感最适合配合老鼠夹使用，接着笑着说：“哈，临死前也让它们

[1] 芝加哥市北郊城市。——译者注

[2] 原文为西班牙语。——译者注

过一把高胆固醇的瘾啊。”汤米跪着趴在地上，睁大眼睛在货架下面、烤箱后面寻找“黑米粒”——他对老鼠屎的婉语。

从40年前汤米涉足除害行业开始，这个行业发生了翻天覆地的变化。“现在用的药品、设备，还有除害的方法，跟以前已经截然不同了。”他眯着眼睛，瞅了瞅冰箱下面，又在水泥地板上趴低了身子。“又一个！他奶奶的，它们一定是太喜欢拉瑞做的饭了。”说着，他弯腰从老鼠夹上取下那只灰色的死老鼠。汤米手上戴着紫色的医用乳胶手套（他觉得紫色的手套比透明的更带劲），目光闪闪地查看着手里的猎物，然后将其扔进袋子里。“话说回来，”他继续说道，“现在的流行词是IPM——有害生物综合治理。从根本上说，IPM就是不到万不得已不使用化学药物除害。换句话说，就是教大家怎么‘堵’东西。”说到这里，他停了停，擦掉老鼠夹上已经变干的血迹，然后继续说道，“怎么做更环保，怎么利用下水道和房子的通道。其实就是不要给小动物和害虫提供进入房子的条件。”

汤米也许不太在意家里会有老鼠和虫子出现。他对除害的兴趣可以追溯到童年时对虫子和自然的迷恋。“那些东西吓不到我。很小的时候我就开始接触户外的世界，对它们很感兴趣。我曾经收集各种虫子，把它们放在罐子里。”他的胡子随着说话一上一下地跳动着，他的眼睛也睁大了些，“夏令营的时候，我和朋友们一起抓蛇玩，我们还从池塘里抓来青蛙，看着蛇怎么迎头一口把青蛙活生生地吞下去。”

真正与生物打交道，做着低级的体力活儿，这反而是汤米最喜欢这份职业的地方。“刚开始干这一行的时候，我干了大约半年的除害员，接着他们就给我升了职，让我去办公室里处理文件什么的。我的薪水也增加了，可我不喜欢。有些人工作是为了挣钱，有些人不是。”说到这里他又停顿了片刻，将老鼠夹放置好，“我喜欢的是为别人解决困扰所带来的满足感，我觉得那才是最有成就感的事。”

汤米做了个立正姿势。他深深吸了一口气，又迅速呼气。他正了正头上的渔夫帽，抬起左手敬了个礼。“冲啊！”他命令道，“敌人就在前方！”说着，他迈着行军步走到储物室门前，将手里的绿色工具箱哐当一声放在地下。“哼——嗯嗯嗯——”他哼着歌，点着头，“钥匙，小钥匙。”他一边唱，一边利索地打开一把生锈的瑞士军刀，将刀刃插进门和墙之间的缝隙里。“成了。”他美滋滋地说道，门也应声打开了。

“在储藏室里，我一般只用粘鼠板，”他一边解释着，一边走进摆着一排排货架的房间里，“人们进来的时候，里面是黑漆漆的，可不能让老鼠夹弄断他们的脚指头，对吧？”他咧嘴笑道，“老鼠跑到粘鼠板上，鼻子和腿就被粘住了。接着就是跳上十来分钟的‘霹雳舞’，然后就消停下来——憋死了，因为它们喘不了气。”他关上储藏室的门，打开手电筒，把它放在下巴上，做出恐怖的样子对我说道，“你喜欢跳霹雳舞吗，小姑娘？”说着，他打开了储藏室里的电灯，笑声在这个小房间里回响。

汤米知道大部分人看到老鼠害虫等东西会感到别扭难受，于是他认为自己的幽默能让客户安下心来。他说他“诙谐的性格对工作有帮助”。可他的幽默感并不是个绝对的优点。“我差点被第一家公司踢出来。当时我要做一个30到45分钟的讲解，说说怎么赶走室内的蝙蝠。我走到发言台的时候，手里拿着一个木槌、三个木锥、一件黑斗篷，还有一本《圣经·旧约》。”[1]他笑了几声，接着平复了一下情绪，“天啊，我觉得那简直太搞笑了。不过我的上司不这么想，太可惜了。”

尽管汤米的客户都觉得他是个很风趣的人，但有些人还是承认，汤米有时候自嘲得有些过火。“汤米很有意思，”拉瑞说道，“不过有时候我觉得他是在自嘲他的职业，免得别人笑话他。不要误会我的意思，他人很好，只是觉得自己好像低人一等似的。”拉瑞回头向身后两侧看了看，接着悄声说道：“我的意思是，你看看他的卡车，连个标志都没有，什么都没有，从头到尾都是白色。他有时候会拿自己的车开玩笑，可车尾上该喷个蟑螂的图案，好让人知道你是干什么的啊。”

甚至汤米自己也知道，有时候他是把幽默作为一种防御机制。“大多数情况下，人们都不会戴着有色眼镜看我，但也有些人对我很无礼。”他顿了顿，说了点别的事情，接着就住口了。他的身子好像有些发僵，接着开始搓手，好像是在洗手一样。

[1] 西方传说中，吸血鬼能够变身为蝙蝠，而文中所提到的几件物品都是吸血鬼害怕的东西。——译者注

“我猜，你可能会说我有时候是把幽默当成自己的防御机制。”说到这里他又顿了顿，好像是在考虑是否真是如此。“干我这种活，会遇到各种各样的人，五花八门的问题。有些人对你很和善，有的人，呃，有的人就不是这样。”他耸了耸肩膀，摇了摇头，移开了视线，“有些人跟常人不一样，很有偏见。”

汤米摸着帽子上的金属鱼徽章，尴尬地笑了：“啊，大马车在等着我呢！”他说的是自己卡车的外号。“这个厨房暂时也算干干净净了，我在华盛顿高地还有个脏兮兮的臭虫活儿。”说着他大笑起来，显然忘了已经是第二次说到“干干净净”这个词。汤米并没有意识到，但拉瑞说，他的笑话很像是“情景喜剧重播”。汤米收拾起自己的东西，从餐馆后门出去，走进芝加哥冷冷的空气里。

汤米的无标旧卡车停在一块空地上，其外表是干干净净的白色，但车厢里的内容却反映了他的个性。后车厢是他的储藏室，里面放着老鼠夹、网、手套、房屋修理工具、粘鼠板、信息素捕鼠板、喷雾剂，还有十多种毒药。车厢前部的两边贴着各种贴纸，只有他自己看得见。讽刺的是，上面的话却像是吼其他司机的。一个贴纸上如此写道：“喇叭坏了，看手指头。”“当心：红绿色盲。”另一个贴纸上如此写道。后视镜上挂着一个鹦鹉毛绒玩具，捏一下就会说下流的粗话。驾驶座旁边的贴纸就严肃了很多，一张上写着“服务业的意思就是服务”；另一张写着“2009年1月20日布什下台”，而就在几英寸远的地方，还有张贴纸写着“停止对伊作战，我们不要越战重演”。

汤米是自由民主党人，一直反对战争。然而在1967年冬季，22岁的他被征入美国陆军。在此之前，他一直困难重重地在社会上寻找自己的位置。他高中上了四所学校，每所学校上了一年：北岸乡村学校、诺特丹中学、迪尔菲尔德高中、印第安纳考沃中学。“在我上学的那些年里，‘成绩优异’这四个字从来和我没有缘分。”他轻声笑道，“我可不是什么优等生。”高中毕业后，他去了旧金山上大学，接触到的“全是60年代的东西”。他解释道：“我在加州生活的那段时间里，跟校园附近的嬉皮士们处得不错。我记得曾经跟那里的一个家伙说，我刚刚被军队征召了。我是说，我完全可以跑到加拿大去躲避兵役，但那不是我的风格。我做不到。”

尽管1967年到1970年他在军队服役，却并没有被派到越南战场。作为仅有的200名未参加越战的士兵的一员，他被派到德国一个小镇上当滑雪巡逻兵。“我是一个越战时期的老兵，却不是一个真正的越战老兵。只是在电脑跟前往纸带上打孔，就这样。我真他妈幸运，这是肯定的。我只是滑雪巡逻。哈！这兵役服得真好。”汤米深吸了一口气，叹道，“不管怎样，都过去了。对现在来说，都不重要了。他们把我的头发剃了，当时我留着一个爆炸头呢。我是说，我还有很多头发，不显老。我63岁了，看看这头发。”说着，他抓着两缕灰色卷发，将其从帽子下面扯了出来。“我长得不像63岁的人，我感觉不像63岁的人，我做事不像

63岁的人，我不关心年龄，年龄只是一种心理状态。”说完他沉默了一会儿，却又为自己一本正经的样子而感到局促不安，于是迅速把头转到左边，避开了与我的眼神接触。“哈！我有没有跟你说过，朋友们都叫我‘死亡博士’？这才是值得写的，记下来，快记下来。”

汤米把汽车发动起来，离开多风的海湾地带，向那面的华盛顿高地驶去。平均一天下来，他要去五六个地方，一天工作6到10个小时不等。他的客户包括大公司、写字楼、学校、餐馆、住宅，等等。他总是把一天的工作路线提前安排好，这样的话，他就能先干市里的活，再干市郊的活，最后回家。他在市郊居住，在那里他养大了两个孩子，现在家里只有妻子詹妮丝一个人了。

汤米的妻子很羡慕他对小生物的热情。然而，她也承认，他有时候会“太过着迷”。“有时候，我半夜里醒来到楼下喝水，就看见他坐在电视机跟前，兴致勃勃地看着《探索频道》里的节目，蜘蛛交配啊，蟑螂的挖洞技巧啊什么的。”说到这里她停了下来，微微笑了笑，摸着左脸颊上一个酒红色的胎记说道，“可他对虫子的迷恋还不如他对那些自编的笑话来得厉害。天啊，一天天地，他就是自己幽默感的最佳观众，随时随地都能自己逗自己笑。”

汤米对婚姻有着独特的观点。“昆虫的世界是母系社会，女王是最高领导者。”他咯咯笑道，“但在我家里可不一样。我对老婆的态度是：三天不打，上屋揭瓦。”说着，他按压着手指上的关节，发出咔咔的声音，又迅速双手举过头顶，做出投降的样子。“开玩笑，我开玩笑呢。”他哈哈大笑起来，“嘿，伙计，只要你想听，我能给你说100万个笑话，1000万个笑话。哎，我问你，蜈蚣和鹦鹉交配，会生出什么来？——对讲机嘛！”说完他就仰头大笑起来。

汤米喝了一口“美仕唐纳滋”咖啡，打开车里的收音机，随着优雅的爵士乐前前后后点着头。一会儿过后，汽车向左急转弯，停在一个五六层高的破败的混凝土公寓楼旁边。大楼底层的外墙上，满是五颜六色的涂鸦，大门上方挂着一个白色的大横幅上写着“公寓出租：详情致电773-555-0962”。汤米喝了最后一口咖啡，手腕一转，把汽车熄了火，收音机里的音乐也随之消失了。“欢迎来到荒城，”汤米用嘲弄的腔调低声说道，“这里是通往市中心贫民窟的大门。”

楼主是几天之前给汤米打电话的，急切地要求他“尽快过来”处理一下臭虫问题，因为急着往外出租。“最近这段时间，臭虫问题越来越严重了。”汤米一边解释着，一边从车厢后面拿下各种除害用品。臭虫就像一个个小黑豆点儿，生活在床垫的缝隙和弹簧里，靠吸食人的血液为生。汤米说，如果你的床上满都是小红点，那就说明你招臭虫了。“那都是它们的粪便，”他沙哑着笑道，“很恶心吧？”说着，他走过一堆堆积雪，走到大楼的后门前，敲了敲门。

一个额角微秃的中年男人打开了门，上下打量着汤米。

“我猜你就是那个除害员了。”他的口音很重。

“正是鄙人，”汤米笑着伸出手去，“托马斯·H.哈特，杀生谋生。”可那个楼主并没有笑，也没有握汤米的手。

“我在电话里跟你说过了，三楼C3房间需要除臭虫。”

“好办，好办。我只需要杀死其中一只，别的臭虫就都会从床上离开，因为它们都去参加那只臭虫的葬礼了。”汤米笑弯了腰，手里的东西差点掉到地上。

“在把这些房间租出去以前，我还有很多事要干，”楼主整了整领带，冷冰冰地说道，“快把那些该死的臭虫灭掉，有什么事的话，到办公室找我。”

汤米站在原地，紧抿着嘴唇。随后，他默默地推开门，走上霉臭的楼梯，右手提着沉重的喷雾罐。到了三楼之后，他就在空荡荡的楼层里逐门逐户张贴警示牌，仍生着闷气。

“对不起，”他终于开口说道，“有时候我真的对一些人很生气。”说着，他一把扯下头上的渔夫帽，将其塞进包里。他深吸了几口气，片刻过后，释然地微笑道：“无所谓了，我不想提这种事。没有人愿意从你的文章里读到我那愚蠢的情绪问题，没人在乎。”

汤米从一个黑色的大帆布包里拿出一副厚手套、一卷胶带。他用胶带把袖口、裤脚绑好，戴上手套，又蠕动着脑袋戴上一个“一战”时期的防毒面具。装备完毕的他既有些吓人，又有些滑稽。“吸血的臭虫，”他瓮声瓮气地说道，声音从面具上的空气过滤器里传出来，音量减弱了很多，听起来也怪怪的，“好像是恐怖片里才有的东西。”说到这里他停顿了片刻，向我示意了一下自己古怪的打扮。“不过话说回来，你看我的样子，是不是很有恐怖片的意思？”他开玩笑道。

“冲啊！”汤米突然喊道，“敌人就在前方！”说着，他抬起左手敬了个礼，然后迈着行军步走进满是灰尘的空荡荡的公寓里。房间里只有一扇采光的窗户，屋顶很矮，满是潮乎乎的气味，屋里的家具都蒙着布，整个房间都给人一种老旧阁楼的感觉。左边角落里放着一张大号床垫，像个凶案的受害者一样赤裸裸地暴露在我们面前，只有几处污渍分外醒目。汤米把沉重的B&G化学喷雾罐放在陈旧的木地板上，大笑着说他根本不知道B和G这两个字母指的是哪两个词。喷雾罐就像一个小型的潜水舱，高1.5英尺，上盖有三个探出的喷嘴，喷嘴中央是一个金色的泵，既用于加压，又可以打开往罐内装杀虫剂。汤米靠近床垫，往喷雾罐里加了些杀虫剂，握住上面金色的杠杆压了十来下，然后拿起红色的喷管走到床垫边上。“我真不敢相信，我都63岁了还干这个。”他笑着说道，“我跟你说过我已经63岁了吗？一定没说过。我长得不像63岁的人，我感觉不像63岁的人，我做事不像63岁的人，我不关心年龄。”

汤米的女儿名叫安娜，现在生活在亚利桑那州。她解释说：“我常常是一周给家里打一次电话，在电话里，爸爸有时候会把同一件事讲两遍。”她顿了顿，继续说道，“我的意思是，他以前经常是把笑话讲上两遍，可现在别的事也爱重复了。”说到这里她又顿了顿，微微笑了笑，“我真不明白，他为什么还要干这份工作。40年了……杀了40年的虫子和老鼠。说实话，我心里很不好受。”

身上带着“爸爸是除害员”的标签长大，对安娜和哥哥凯文来说多少有些尴尬。汤米说：“我记得安娜8岁那一年，学校里搞了一次‘带着孩子去上班’的活动，在20世纪80年代，那可是很新鲜的事。”他轻笑道：“我记得那天早晨安娜下楼来吃早饭，她跟我说她不想去。”汤米脸上仍有笑意，却轻轻摇了摇头，闭上了眼睛。几秒钟过后，他学着那时女儿的口吻说道：“爹地，虫子太恶心了，你为什么不当飞行员、医生什么的呢？”汤米叹了口气，继续说道：“我跟她说，我很抱歉，因为我干的不是什么体面的工作。”

汤米心事重重地慢慢地给床垫灭虫，把无味的杀虫剂喷在床框、边沿和中央位置。仔细向床垫上看去，他能看到黑色的小臭虫痛苦地扭动、翻滚，几秒钟过后都一动不动了。“在室外看见它们的时候，我从不杀它们。其实，杀死它们也不会给我什么满足感。”说到这里他顿了顿，盯着一只抽搐的臭虫。他绕着床前后走动，更换着三个不同的喷管，每个喷嘴的喷法都不一样：一个喷出的杀虫剂气雾是扇形的，一个是雾状的，一个是气柱状的。“所有的虫子、老鼠等东西，都是大自然母亲的安排，是平衡的。我的意思是，严格来说我是会被逮捕的，因为我做的事违反了法律。但是，每次我在人们家里逮到了松鼠，我总是偷偷把它们放进我的车里，再找个小树林把它们放掉。按照法律规定，我应该把它们淹死才对，可我做不到。”汤米叹了口气，关上了喷雾罐，房间里顿时一片沉静。“这样就行了。”说着，他退后几步，欣赏着自己的工作成果，接着向床边的窗户走去。透过雾蒙蒙的防毒面罩和结霜的窗玻璃，他蓝色的眼睛注视着楼下的大街。他向窗户又走了一步，双手按在冰冷的玻璃上，冷却刚才被喷雾罐烫热的手套。“我不懂，”他叹道，“我真搞不懂。”

汤米提起地下的东西，顺着楼梯走下去。“我诚实、守时、尊重别人、工作勤恳、待人友好、爱妻子和儿女，”他走出大楼，朝卡车走去，情绪很激动，“就像是，人们都不愿看见害虫，所以就不愿意看见我。”说着，他摇了摇头，猛地把手里的东西扔进车厢后面。“我的意思是，你想一想，我为什么不在车身上打广告？”说着，他抬起一只胳膊，朝卡车挥舞着，“因为，要是我把车停在他们门前，他们会觉得丢人，这就是为什么。”他摇了摇头，突然停下了脚步，叹了口气。“唉，这个蠢蛋楼主。他只是个浑蛋罢了。我为什么要在乎？”汤米笑了，身体也不再紧绷。“嘿，我还有个笑话没有告诉你。蜈蚣和鹦鹉交配，会生出什么来？——对讲机嘛！”他笑得弯下了腰。笑完他就钻进了车里，关上车门，将自己封闭在这个白色的铁盒子里。

咨询或金融行业的是与非

如果今年与过去10年的情况类似的话，那么在选择就业的耶鲁毕业生里，就会有25%进入咨询或金融行业。这是个大问题，这是个很重要的问题。这件事牵扯的人太多了！四分之一的毕业生啊！无论你是怎么想的，无论你要参加什么面试，我们都需要停下来好好思考一下这个问题。

我不想假装比别人懂得多，事实上，我可能比大家懂得都少。（我在网上查过了，所谓的“咨询”就是“就某人或某事向某人征求信息或意见。）但在我看到上面那个统计比例的时候，我真的震惊了。在像耶鲁大学这种鼓励多样化和个性的地方，竟然有那么多人选择同一种职业，根本不考虑毕业后干一些有意义的事。

我想弄明白为什么。

大二那年的春季学期，我收到一封来自麦肯锡公司[1]的电子邮件，信中是这么说的："亲爱的玛丽娜，大一已经过去，你一定开始考虑未来的规划了吧。（其实我没有。）也许你已经开始体验到了与耶鲁带给你的诸多选择并肩而至的那种紧张、激动而又无法抗拒的感觉，而身为一名'耶鲁大学民主党'[2]成员，相较之下更是如此。为使你对职场有更清晰的认知，我想借此机会让你深入了解一下麦肯锡公司。"

简直是匪夷所思。他们怎么会知道我加入了耶鲁大学民主党？（他们怎么知道什么紧张、激动而又无法抗拒的感觉？）我刚上大二，连专业都没选定，更不用说什么职业规划了。话虽如此，这封信却让我觉得自己是个特殊人物。他们是什么人？他们为什么对我感兴趣？他们为什么邀请我到一家豪华酒店参加什么活动？也许是因为我浏览了他们公司的网站？谁知道呢。最为关键的是：他们使我用了至少一个晚上的时间查询他们的相关信息。

当然，每个耶鲁学生都收到过这种信，内容几乎一模一样，

[1] 麦肯锡公司，由詹姆斯·麦肯锡于1926年在美国创建，现已经成为全球最著名的管理咨询公司，在全球44个国家和地区开设了84家分公司或办事处。麦肯锡目前拥有9000多名咨询人员，分别来自78个国家，均具有世界著名学府的高等学位。——译者注

[2] 耶鲁大学的一个政治社团。——译者注

只是换了换称谓。我才不是什么特殊人物。他们的招聘团队真的很厉害。他们与其他无数个咨询公司、银行一起杀进校园，从我们年满20岁开始就不断厚颜无耻地、诡计多端地向我们宣传。电子邮件、招聘摊位、纸质信件、报名截止通知……无孔不入，无处不在。我对咨询行业了解不多，但是如果我在招聘人才方面遇到了困难，我一定会去找一个咨询团队帮忙。

可这件事是双方面的，一方面是咨询公司和银行；另一方面是我们自己。本周早些时候我曾在兰曼·赖特楼的天井里进行过一次科学而可靠的调查，逐个询问大一新生毕业后的就业意向。可打算在咨询公司或银行工作的人一个都没有。我是说，有这种意向的学生肯定存在，但绝达不到25%的比例。毫无疑问，绝大多数学生在进入耶鲁的时候对这个行业都没有显而易见的热情，那么，在大一至大四这四年间，我们的脑子里一定有些东西发生了改变，使得这些工作突然间变得有吸引力了。他们说，我们会从中积累宝贵的工作技能；他们还说了很多别的事情。

我曾跟一位学姐聊过这个问题。（她怕用真名会被人从网络上搜到，于是就用了“舒尔·卡比布”这个化名。）她从大一那年开始就非常清楚以后要干什么。我问她人生的打算是怎样的，她立刻答道：“哦，我早就想过了，我要写作，要执导电影，或者做一个著名的独立音乐制作人。”她的话里透着一股真诚，

“我要把生命用在自己喜欢的事情上面。我想创作出流传后世的东西，能让我心感自豪。”

在耶鲁上学的时候，她勤奋刻苦地朝着这些目标前进。她执导了舞台剧，成立了一个乐队，参与制作了2012“班级日”[1]视频录制。可是上周一晚上8点，她竟然去学苑酒店参加了一个顶级咨询公司的活动，接着就对第二天的面试满怀期待。

“我当然不想当顾问，”前一天晚上她说道，手里紧抓着一本借来的马克·克林提诺所写的《发现工作力》（咨询业的圣经），“可是，当你看着那么多朋友都有了6位数的薪水，明年开始就能过上奢华的生活……我需要好好想想，我是不是要甘于清贫，为艺术献身。”

跟很多耶鲁的学生一样，卡比布也被这些公司简单的求职程序套进去了。向这家公司申请职务，只需要在报名截止日前把简历、求职信、成绩单交过去就行了。

“啊，他们把求职程序第一轮设计得这么简单，真是太聪明了。”她如此说道，“一点都不费事，所以我想，不妨试一试。”

的确如此，这些公司的招聘策略非常高效。他们首先会表达出对我们的兴趣，赞美我们的知识和才华，然后就怂恿我们把这些才能发挥到极致（当然是到他们那里去才行）。

[1] 即大学毕业纪念日。——译者注

2012届毕业生塔蒂亚娜·斯科尔斯博格承认，她起初也是跟我一样中了虚荣心的陷阱。

“我收到一封私人邮件，就去了他们的活动现场，因为我简直不敢相信他们会对我感兴趣，我想去看看为什么。”她说道。但是当她到那里的时候，就后悔了。“我四周看了看，觉得不仅跟那些人不是一类人，还根本不相信那家公司的理念和业务。在活动现场你会感到一股冲动——有那么多人在从事这个行业，他们滔滔不绝地谈论着，好像这份工作是多么多么有意思，所以你就开始想，也许真的是这样呢。”

2012届毕业生马克·桑恩布兰科也如此考虑。在耶鲁大学期间，他是一名音乐人、作家、即兴喜剧演员，他正在考虑明年去一家避险基金公司工作。“我想要一份充满活力的工作，”他说道，“可我又想，我的底线是先找到一份工作。避险基金公司的这份工作申请起来很简单，也能挣很多钱。”内心深处，他还是想写歌、想表演，但他也明白，这两个行当连个入职申请表都没有。

当然，也有很多人向我清晰地表达了他们对这个行业的兴趣。但是坦诚地说，大多数人不愿就此问题发表看法。在我的调查过程中，至少要问五个人，才会有一个人愿意说说他们的意见，其他人则都拒绝回答。身处一个数字阅读的时代，申请者很怕未来的雇主会在网络上搜到他们的名字及关于“疑惑”和“希望”的言论（这是可以理解的）。一位赛布鲁克大学的学长就拒绝了一次调查邀请，因为他觉得这“听起来就像是个傻蛋”。能说出这种话，他要么是对自己未来的工作太过自豪，要么就是觉得自己太优秀而不屑于这份工作。用2012届毕业生迈克尔·布鲁姆的话说：“他们不想参加调查，因为他们早就开始挣大钱了。”

有些通过面试并对这种工作感兴趣的人愿意与我谈谈他们的想法，而他们的解释和动机竟然极其相似。他们往往都是这样说的：最终，我还是想在某种方式上拯救世界，但现在，我最好是先在这个行业干几年，积累一些必要的技能。

2012届毕业生、耶鲁学生会前主席杰夫·戈登就是最好的例子。杰夫的人生愿望，是投身于公共教育政策改革事业中，但他现在考虑的是明年去一家避险基金公司工作。

“我觉得，这种工作的吸引力更多的是表现在个人提升方面，这在教育行业是没有的，”他如此说道，“它有吸引力，因为它有挑战，因为它需要你跟聪明的、有才华的人互动。还有，你能从中学到很多可迁移技能[1]。”但杰夫也说，他不可能在这个行业干一辈子。

“我真正想做的是教育工作，所以我不会在别的行业干太久。”他补充道，“我是从长远考虑才接受基金公司的工作的，我想先发展到一定程度，然后在社会公正方面做出巨大的

[1] 可迁移技能是那些能够从一份工作中转移运用到另一份工作中的、可以用来完成许多类型工作的技能。——译者注

贡献。”

可同时他又对自己的动机心存疑虑。“我觉得，对我们大多数人来说，上一次类似的经历应该是在提交大学申请的时候，并且我们已经习惯了这种现成的、既定的程序。问题是，别的地方没有这种东西。到别的行业申请工作，又麻烦又啰唆，而我们都害怕麻烦。”他说道，“第二个原因是，很多人，包括我在内，都害怕自己的选择越来越少、在专业的路上越走越窄，而咨询公司在这方面就做得很好，他们给我们灌输的理念是：即使去了他们那里工作，我们还有大把的选择。”

“我想，这个，再加上‘名誉’，就是其中的原因了。”他最后补充道。

2012届毕业生施安妮明年就要去摩根大通[1]工作了，对此她也有类似的意见。当问到她这辈子最想干的事的时候，她说一直幻想能开一家餐馆，为当地的艺术家提供饮食。说到底，她是想“做好事，而不是只想着挣钱”。但现在她觉得自己还没有做好准备。

“我才二十一二岁，怎么可能改变世界？”她说道，“我知道这么说有些悲观，但我觉得还没有足够的知识和经验去做这些事。即使你知道自己最终要去公共部门工作，你也会从私营部门的工作经历中获益。”

[1] 即摩根大通集团，是美国最大金融服务机构之一。——译者注

安妮还考虑到了这份职业的金钱回报。

“我很实际，”她说道，“我不打算一辈子在非营利性机构工作，我知道那是不可能的。我在物质方面很现实，知道我需要维持早已习惯的生活方式。”她承认有一点担心，担心自己在银行工作的时间会“比想象中长一些”，但眼下，她还是将其视作一个“很刺激、能学到很多东西”的方式来度过未来几年的时间。

但是有些人对此有不同的意见。一位困在摩根大通的学长（要求匿名发表意见）就在这家银行有另一种经历。

“在摩根大通工作的那段时间，是我这辈子最没有成就感、最枯燥乏味的经历。我觉得还是学到了一些东西，不过只用了两天时间就全学完了。我本不该再继续在那里实习下去，但我还是坚持着。后面两个月时间里已经没什么可学的了，但不知什么原因，我还是很早就去上班，有时候加班到晚上10点。”他如此说道，“我见过一些说自己喜欢这份工作的人，但说实话，他们要么是对工作不感兴趣，要么是自欺欺人。”

在跟我聊过的学生里面，将私营部门当作某种培训平台的人为数不少，安妮和杰夫只是其中两个。咨询公司和银行一定是煞费苦心在推销这种观点，说他们在那里能得到最好、最快的技能积累，而这些技能……其实什么都不是。

1989届毕业生、伯克利学院前院长凯文·希克斯认为那些说法都是胡说八道。

“有人说在咨询公司能积累宝贵的技能，凭借这些技能可以改变世界，我才不信。”他如此说道，“大家都知道，那些技能都是刚入门的员工要学的东西：制作幻灯片、用电子表格，等等。”他觉得，将咨询公司和金融企业作为职业道路上的跳板是有很大问题的。

“绝大多数公司招的新人，都得是一周七天，天天加班到凌晨3点，给公司的合伙人制作幻灯片，而后面这些人每天下午5点就下班回到别墅去吃晚饭了，因为他们觉得自己是‘成功人士’。你换一个角度来看这个问题：大多数公司都认为，不出三年，你就会考上法学院或商学院深造了，而他们就按照这个设想来安排你的培训。真正宝贵的职场经验和工作技能是值得你付出的，也许是少挣一点钱，也许是把工作放在生活前面；但你不可能从一个只有26岁的小上司身上学到，他们只是比你捷足先登罢了。”

希克斯认为这种所谓的技能积累，只不过是那些公司推销自己的噱头。

“这些所谓的技能，完全可以通过其他方式获得，比如到夜校报个班，等等，还不耽误你干一些更有意义的事。我也同意，对某些人来说咨询业是其第一份职业的上佳选择；但有太多毕业生都一窝蜂地涌进去，因为他们看见别人好像都在干这行，因为这是他们得到外部评估的第二次机会。要是麦肯锡说你行，你就行。”

“毕业后就干这种事务性工作，会存在一种危害，”他继续说道，“因为你无法在工作中找到闪光点。而这些闪光的时刻，应该是你表现出创新精神和大无畏精神——不论是在企业变革还是社会变革方面——并证明自己的时刻。”

“如果你跟大多数人一样的话，那么你就会在某个岗位上干两三年。然后在另一个岗位上干两三年，然后，在你离开耶鲁五到七年之后，你就会发现，自己需要做一个更为长期的规划了：或者是考研究生，或者是选择一个真正需要全身心投入的工作。问题是：当尘埃落定，需要你真正扎下根的时候，你会在哪里？如果你能够理智而自信地说，这不是你因为害怕，不是因为一己之私而做出的选择……这条路是属于你自己的，而不是照抄别人的。如果你能以这样的眼光来审视毕业后的头几份工作——从整体上、从个人成长的角度，而不是只用物质来衡量的话，那么你就不会像那种失败的婚姻一样，到了45岁才发现嫁给了一个根本不了解的人。”

哇！

查尔斯·希尔教授同样认为到咨询公司和银行工作是对耶鲁四年学习的浪费，但他的理由跟其他人略有不同。他将工作分为两种：主功能工作和次功能工作，或者说是有用的工作和无用的工作。他认为，银行和咨询公司跟真正的企业不同，它们对世界没有真正的、有意义的影响。

“很多人糊里糊涂地就进了这个行业，”他如此说道，“他们把你当成庄稼看待，收割、研磨、付钱，然后把渣子扔掉。”他认为公司里的咨询部门其实是法律诉讼的挡箭牌，万一有法律上的麻烦了，就拿来当替罪羊。经济不景气的时候，公司里就会大幅削减咨询顾问。希尔说，如果咨询业真的有用的话，情况应该恰恰相反才对，也就是说，经济不景气的时候，公司会雇用更多的咨询顾问。

那么他的建议是什么呢？希尔教授希望有更多的耶鲁毕业生能做一些更有用的事，到真正的企业去工作。

“现在的学生大都受到20世纪六七十年代的观念影响，认为企业都是魔鬼，”他说道，“出于某种原因，他们宁愿到咨询公司或银行工作，也不愿去百事公司或通用汽车公司。”而说到非营利性组织时，希尔认为那是对我们才华的浪费。“那是更高层面的问题了。”他如此说道，他坚持认为我们最好把才能用到别处。

哇！

跟很多重要人士一样，大学校长理查德·莱文认为“有很多方式可以为社会福祉作贡献，公益服务的形式也有很多”。他反对“一旦进入商界就不会对公益感兴趣”这一观点，他说：“耶鲁毕业生的突出优点是，不论他们从事何种职业，他们都能积极参加所处团体和社区的公益事业。”

哈罗德·布鲁姆教授不同意这种观点。

“唉，”他叹道，“这是公益观念的没落。我眼里的耶鲁大学不是这样子的。”

必然的，在与我交谈过的学生中也有些人对这个行业毫无兴趣。2012届毕业生亚历山德拉·布罗茨基说：“我不能代表所有人发表意见，因为大家的经济条件都不一样。但是25%的毕业生真是很多人才，能在别的行业做很多事。我认为，在我们做出选择的时候，最好能清楚这一点。”布罗茨基是Dwight Hall[1]的协调人，她在耶鲁时曾做过很多非营利性机构的管理工作。在她看来，“私营部门是非营利性行业的最佳跳板”这种说法是不对的。

“我认为，要想积累技能然后去非营利性机构工作，还不如直接去非营利性机构工作。”她如此说道，“这样大家在技能上获得的建议会更加合宜。”

2012届毕业生、政治活动家、活动发起人山姆·思科恩博格对此有相同的看法。“我一直都很喜欢政府工作和倡导工作，我觉得咨询业或银行业不会给我同样的满足感，哪怕只在里面干两三年也是如此。”

“毕业典礼上耶鲁的行政人员所做的那些号召我们投身于公共服务事业的高尚的演讲，和这一年后面的时间里我们所听到的

[1] 耶鲁大学生公共服务组织。——译者注

职业建议严重脱节。”

尽管如此，在跟我聊过这个问题的学生里，还有一些人的确喜欢这个行业，为之兴奋着迷。其中有3个人要求匿名发表看法，只有2012届毕业生萨姆·博肯斯坦愿意公开发表看法。他说，他是真心对咨询业感兴趣，而不是将其视作跳板。

“我想通过我每天所做的决定，做点有影响的事，”他如此说道，“而当我考虑什么行业符合我的设想时，我想到的常常是企业战略管理。”

2012届毕业生乔·布莱恩的看法则介于以上两者之间。他最想干的是经济适用房开发，管理一家非营利性机构为社区服务，或为之提供全新的服务。但他正在申请房地产私营部门的工作，并且不知道在道义上该怎么评价自己的选择。

“以上两种行业很难说哪个帮助了社区，哪个剥削了社区，”他如此说道，“但到了最后，我还是想为一家实际的、不为利益剥削社区的机构工作。”

乔不知道商业房地产公司是否属于以上范畴，而这种不确定感令他颇为沮丧。

“我很想参加一个为期两年的项目，积累了技能以后就可以立刻去帮助别人，但到现在我还没找到这样的项目。”他说道，“如果一边管理着一个非营利性机构，一边在学校上着课，再带着先见之明去寻找一个心仪的、有意义的工作实践，那是很难的。而这些商业系统是早就成型的，他们有报名截止日期，他们不请自来。”

布莱恩说，他有时候很忧心，因为我们“把最优秀、最聪明的毕业生”送到了“为了利益而损害社区”的行业里去。（他还担心，本文引用的他的每一句话里似乎都带着“社区”这个词。）

耶鲁大学毕业生就业服务办公室对此类抱怨已是屡见不鲜，但副院长兼毕业生就业服务办公室主任艾莉森·摩尔说他们正在寻找对策。

“我们也知道，金融服务和管理咨询公司在配置方面有大量的资源，他们的校园招聘知名度也非常高。”她在电子邮件里如此说道，“这就意味着，毕业生就业服务办公室有责任去帮助那些资源较少的行业，如艺术、非营利性机构、公共部门等，让它们也有相当的知名度。”今年，他们要确保招聘会上有三分之一的单位是来自以上行业。

“我们很高兴能这么做，”她说道，“以后几个月我们将继续下去。”他们设计了一种在线自我评估服务来评估毕业生的就业热情，这样就可以有针对性地去对待他们的选择了。

说实话，我觉得毕业生就业服务办公室只是一个替罪羊而已。如此多的毕业生心仪咨询和金融行业，其中原因要复杂得多。当然，“替罪羊”这个词本来就是有疑问的。咨询公司是否天生邪恶？也许不是。银行是否天生邪恶？也许不是。说实话，我还远远不到无所不知的程度，无法回答上面的问题。所以，每年就业的耶鲁毕业生里有25%进入了这种行业，是不是有什么源头上的问题？

是，我想是的。

当然这只是我的个人看法。但在我看来，如此多的毕业生进入这种行业，而这种行业基本上不生产东西，不给人提供帮助，跟我们真正热爱的事业也没有丝毫牵连，这是一件很可悲的事。哪怕是只在这种行业里干两三年的时间，也同样如此。两三年也是很长一段时间了！而且，这并不是什么时间长短的问题，而是23岁、24岁、25岁，是一个人的黄金时期。如果在咨询或银行业就业的毕业生比率很小，那我也不会如此烦恼了。可事实并非如此。

说到底，我们是可以从事别的行业的。的确，在贝恩[1]、麦肯锡、摩根大通工作可以积累工作技能以便跳槽，但很明显他们不是唯一的选择。还有很多很酷的事等着我们去做，在这里我就不一一列举了。

的确，有的毕业生急需用钱，他们需要还助学贷款，需要养家。对那些的确需要尽快挣钱的毕业生来说，咨询和银行等行业是个很好的选择。其实我也觉得，勤奋工作挣大钱是一件很了不起的事。我现在就很纠结，因为如果我（自私地）执着于作家梦

[1] 贝恩公司，成立于1973年，是一家全球领先的战略咨询公司。——译者注

想的话，那么很可能无法给我的孩子提供一个富足的成长环境。然而，对绝大多数毕业生来说，我真不认为他们的选择是跟金钱有关。金钱只是原因之一，仅此而已。

我真正想不通的是他们为什么觉得这种选择很确定、很合理，我想不通的是有些人（不论是何种借口）干这一行竟然是因为不知道除此之外还能干什么；因为这种行业的工作容易申请；因为报酬丰厚；因为它能给自己成就感。我真没遇见那么多真心热爱这种行业的耶鲁毕业生。这简直太令人沮丧了！我不明白为什么没有人说说这件事。

我在耶鲁的时候，不论是坐在教室里学习，还是在酒吧里喝东西，还是出去玩，总能听到朋友们谈论他们搞了什么设计，或是组织了什么集会，或是准备了什么舞台剧。然后我就会想，真的，能在这里，跟这样一群才华横溢的人聚在一起是多么难得的福气。我常常会想起每天在一起混的那些人，他们总是满腔热情、创意无限。

也许是我杞人忧天了。也许这真的是一个积累宝贵的实用技能的好途径，也许大家都会在两三年之后离开这个行业去干别的事。

我想看舒尔执导的电影，想看马克导演的音乐剧，想去乔的非营利性机构当志愿者，想去安妮开的餐厅吃饭，想把孩子送到杰夫改革的学校里去上学……我害怕咨询和银行业会把我所有的朋友都拉走，并让他们相信这是他们度过一段段年月或任何一段时间的最佳选择。也许是我愚昧无知，也许是我异想天开，但我觉得这不可能是真的，我觉得大家也都明白这一点，我觉得我们能为世界做一些很酷的事。我害怕，等到了23岁、24岁、25岁的时候，我们会记不起这些事。

“观察”的艺术

从“死亡之城”到印度南部海岸，在长达32小时的路程里，我们看书、玩骰子、看窗外的稻田和河流，而下铺C、D位子上的那对老年夫妇盯着我们看了至少有20个小时。那个老太太身材丰满，裹着一条橙黄色的纱丽[1]；那个老头身材瘦削，穿着一件上浆的白衬衫。我们跟他们在同一个火车卧铺舱里，火车经过几只脏兮兮的猴子、几头瘦骨嶙峋的奶牛，但他们一个都不看，只是盯着我们这两个白人。他们看我编辫子，看卢克咬指甲，看我们俩在两个上铺或微笑或大笑。我们并不在意，真的。但他们看着我们用叉子吃扁豆，在看到我们脱掉鞋子之后悄悄用印地语交谈，我们就有些不自在了。于是，我们就转头看着窗外，火车则

[1] 印度妇女用整块布裹住肩膀和头的服饰。——译者注

一路蜿蜒着从加尔各答驶到金奈[1]。雨季的热天刚刚开始，而我们在印度已经有五周的时间了，早已习惯了被人看的感觉。

我和卢克刚到印度的时候，入境手续还未办完，就发现我们特别受人瞩目。我们在行李领取处等行李，这时一个中年男人拿出手机朝我们按下了快门。刚开始的时候，这种关注很令我们惊讶。此前在博客和旅游指南中我早就得知此类情况，却未料到会有这种毫无保留的执着。“拍张照片，一张照片，”他们在大街上，在货摊上朝我说道，“合个影吧，小姐，拜托了，就一张。”我们在德里的第一天，就被寺里围观的人吓得从寺里烫脚的大理石地面上逃走了；在香料市场里，又都是请求拍照的人。进到这个人员混杂、熙熙攘攘的城市里，我们被当地人喜气洋洋地请求拍照、合影弄得头晕目眩。一个人刚刚打发走，又立刻拥上来五个；午饭时躲过了，晚饭时又冒了出来……到了游沙漠的时候，卢克已经受够了。他拒绝拍照，喝退那些盯着我们看的人，被无休止的烦扰搞得又累又怕。

但我喜欢。

当一个人力车夫向我转过脸来，或是一个小学生拿出他的手机，我的虚荣心就会溢出底线。我当然知道，吸引了他们注意力的其实是我白色的皮肤和白皙的面孔，但在火车里被人注视、在城市花园里被人拍照都令我感觉美滋滋的。我并不介意为他们摆

[1] 印度泰米尔纳德邦首府。——译者注

姿势拍照，也不像某些影星对于在商店外或大街上被娱记逼着摆姿势那么反感。

这种感觉令我困扰。每次，我刚刚从别人的注视和拍照的请求中得到一点快感，就立刻被一种反感的情绪浇灭。我站在泰姬陵旁边，与来自海德拉巴[1]和孟买的游客微笑着合影留念，心里却在反思我的自恋心理。“请跟我合张影吧。”他们如此说道，而我不知道该怎么拒绝。卢克自顾自地往前走，我必然被他落在后面。可是，如果这样能让他们高兴，为什么不配合一下呢？

在斋普尔[2]的一家廉价酒店的屋顶餐厅里，我将这种感觉告诉了两个爱尔兰女孩。太阳西垂，屋顶上空的晚霞里飞着风筝，我们一起抱怨在火车上、在人力车上受到的注视，互相交流旅途中的奇闻逸事。几杯印度酒下肚，我对她们说，也许，有时候，这种事没那么糟。“对啊。”她们回应道，点着头，思考着。她们也同意我的感觉，她们知道我是什么意思。天色暗了下去，我一边笑话我们的矫情，一边却在她们眼里搜寻着确凿的证据。

但是几个星期下来，我才发现，别人的注视其实并不是说我有魅力。在佛教小镇达兰萨拉，僧人从他们厚厚的栗色长袍里拿出廉价的手机，咧嘴笑着请求以喜马拉雅山为背景跟我合影。在

[1] 印度南部城市。——译者注

[2] 印度北部城市。——译者注

贾沙梅尔的郊区村子里，一个男人请我摆好姿势与他三个瘦巴巴的孩子合影。但在“死亡之城”是不许拍照的。临死之人到这里来，在圣河恒河边上死去，在岸边火化，在河水里转世投胎。在嘈乱的铃铛声里，在骨灰堆、流浪狗、骨头之间穿行，我感觉到一种双重的解脱。没有一个印度人上来要求拍照合影，我也一次都没有按下快门。一天傍晚，在暮色中，我们走下海滩去看火葬。我们站在光头的男人们旁边，看着他们将粉末撒进火堆里，看着熊熊火焰在雨中烈烈燃烧。一个留心注视我们的人都没有。

第二天早上，我们登上了32小时车程的火车。下午，卢克从上铺爬下来，从瘦削的老头和他裹着橙黄色纱丽的老伴身边经过，在车厢里穿行，看外面的丛林渐渐被棕榈树取代。我打开日记本，想写点东西，却从眼角看到那个老太太在看着我。我分了心，乱七八糟地不知写了些什么。我这时突然想起了以前在公共剧院看过的一次行为艺术展览。一个女演员在大厅角落里的打字机上打字，通过“每天的观察”来表现艺术。我满腔义愤地离开了剧院。在这种对我们不变的唯我论的每日观察中，哪有什么艺术魅力，不值得尊敬，不值得将其浪漫化。

当天晚上，火车里暗了下来，那个老太太眼带笑意地看了看我，然后倒下睡觉。我听见外面的雨停了，那个售卖卷饼和印度奶茶的男人慢慢沿着通道走远。我回想着这几个月里在大大小小的市场里、在或神或圣的土地上走过的路途，不知道有多少印度人家里的墙上会挂上新的照片，照片里有我白皙的面孔。局促不安地，我在满是污渍的火车被单下拿出照相机，关掉闪光灯，将那位老太太拍了下来，准备把她的照片带回家，放进书架上的小盒子里。

歌颂“特殊”

每个人都觉得自己那一代人是最特殊的。我的祖父母说他们经历过“二战”；我的父母说他们有迪斯科和人类登月；我们则有互联网。我们可以随时打开或关上无数扇门，随意把自己的信息做成个人简介或数字剪贴板。突然之间，我们从头到尾都被交织到一个网里，它是如此浩大，而我们最终在这张网上找到了属于自己的那一个小小的网眼。但我们都是有个性的个体。这种观念，在每年的“马丁路德金日”[1]集会（一个人也可以有所作为！）上，在小学四年级的课堂讨论（你长大了想干什么？）上早就灌输进了我们的头脑之中。我们有无限可能！我们的父母离婚了，但我们还有父爱和母爱！茫然地，默默地，我们知道自

[1] 始于1986年1月20日，为每年1月的第三个星期一，以纪念这位美国著名的民权运动领袖。——译者注

己将会很有名气。我们会成为总统，会主演电影，会在18岁时在《纽约时报》上发表文章。

我很嫉妒。想象不到的嫉妒。我嫉妒正在阅读的普利策奖的获奖小说；我嫉妒刚刚看过的奥斯卡获奖电影。我怎么就想不到去改写《达洛维夫人》[1]？我早就该想到去写一个精神分裂的芭蕾舞女。简直不可宽恕！每个人都是那么成功，我恨他们。我在哲学课上学到过一个德语词——schadenfreude[2]，它的意思是从别人的不幸中感到快乐。当一个女生没有得到心仪的实习工作或一个男生的演出砸了锅，这个词就会像泡泡一样在我的脑中飘来飘去。那天晚上，我躺在床上，觉得从别人的不幸中感到伤感其实更容易，于是我就纳闷了，德国人是不是也创造了这个词的反义词？

我说这全都是互联网的错。它无所不包，丝毫不考虑我们的感受。有了互联网，成功仿佛变成了唾手可得的东西，就在我们眼前晃来晃去，却怎么都够不到。我们独自对着麦克风讲话，我们自拍，可我还是觉得，怎么有那么多人。每天，有1035.6本书出版；每天早上，有6600万人更新了他们的状态。晚上，我正在漫无目的地乱写乱画，却突然想起了上小学时做过的手抄报。一

[1] 弗吉尼亚·伍尔芙于1925年发表的长篇意识流小说，描述了主人公克拉丽莎·达洛维在“一战”后一天的生活细节。被《时代》周刊评为“1923—2005年间百部最佳英文小说”之一。——译者注

[2] 幸灾乐祸。——译者注

个人也可以有所作为！可是当初问过我长大后想干什么的人，不会想让我再画手抄报了。他们想让我填表、递给他们一张长方形的小卡片，上面写着我现在从事的工作。

去年春天，我去曼哈顿参加了一个艺术大会。在那里，每个人都在竭力结交陌生人，像绝望的推销员一样维护着自己的个性。这是我的主意，我要说，这是我的地盘。我们喝着鸡尾酒，彼此交流着各自的兴趣所在。嚯嚯！空地！啊，对呀！前卫风格！我没有名片。我根本没想过印名片。本该是一次有趣或可爱的经历，可我最后感到的只有尴尬。我没有名片，我一遍遍对别人解释着。（哈哈！）接着我就在一个座谈小组里坐了下来，边记笔记边点头。那里的人真多。人真多。

问题是，终有一天太阳会熄灭，地球上的一切都会冻僵。这是一定的。即使我们解决了全球变暖的问题，清除了核武器，这个结局也是不可避免的。莎士比亚全集、莫奈的《睡莲》、海明威、弥尔顿、济慈，我们的音乐图书馆、文学图书馆、画廊、诗歌、信件、我们刻在课桌上的名字……都将不复存在。我曾经想过把事物画下来，以保持它们的不朽，可现在这个想法简直是愚蠢透顶。不论我们费多大心思和力气创造出来，一切都将灰飞烟灭。我被这种想法吓坏了。我想要一点点永恒。我想要亘古不朽！我想把我的所思所想都收录进一本选集中，再满怀欣慰地将其塞进一个迷宫般的图书馆里。

每个人都觉得他们那一代人是最特殊的。祖母说他们有万宝路商业广告，父母说他们有迪斯科和人类登月。“你有无数选择，”他们告诉我说，“你是独一无二的。”可当我把名字输入Facebook的时候，却一下子蹦出来8个头像。她们都是“玛丽娜·基根”，有各自的家乡、各自的亲友。等我们死了的时候，墓碑也要排成一排。这里埋葬的是玛丽娜·基根，人们会如此说道。玛丽娜·基根1号、2号、3号、4号、5号、6号、7号、8号。

我太嫉妒了。我嫉妒得有些可笑。我甚至嫉妒每个可能有机会起死回生开口说话的人。我把自己的时间线拉长，连世界末日都拉了进来，然后，与宗教无关地，我为自己可能留下的有形痕迹顶礼膜拜。这是多么自以为是啊！我首先想的还是自己会是多么特殊。但随着我慢慢长大，我发觉小学四年级时的梦想正一个个破灭：太晚了，成不了医生、成不了影星、当不了总统了。很有可能我会一事无成了。这么想其实很自私、太以个人为中心了，但我被这种可能吓坏了。

有时候我会想，如果世界真正实现了“和平和安宁”会是怎样。那时候，全世界都将变得极其“可持续”，到处都是风车，到处都是太阳能电池板，大街上干干净净、一尘不染……在世界都陷入冰冻和黑暗之前，这真是极美好的。而坐着飞行小车的那代人也会认为他们是最特殊的。直到有一天，茫然地，默默地，太阳渐渐熄灭，他们才意识到，没有人是特殊的；或者，大家都是特殊的。

我曾读到过一篇文章，说无线电波会在宇宙中永远传递下去。我想，等我快死的时候，我就找个麦克风，爬到无线电天线塔的塔尖上。我要深吸一口气，闭上眼睛，因为在我爬到塔尖的时候天会下起雨来。“你——好——”我会向外太空喊道，这是我的名片。

后记

我第一次见到玛丽娜·基根是在2010年11月10日的院长茶会[1]上，当时受邀参加茶会的名人是小说家马克·赫尔普林。他在茶会上说，在当今社会环境下，想成为作家简直是痴人说梦。

一个学生站起身来，清瘦，漂亮，一头红褐色的长发，长腿，半身裙。她一副愤愤不平的样子，问赫尔普林这是不是他的真心实话。在场的人都吃了一惊，因为这个问题大家都想问，却都没有胆量（或脸皮太薄）问出口。

当天晚上我收到一封电子邮件，发件人的邮箱是marina.keegan@yale.edu。信中写道：

> 您好！您可能不认识我。我就是那个在茶会上问问题的学生……亲耳听到一位知名作家说这个行业已经没落、我们

[1] 耶鲁大学各学院院长每周会邀请各个领域的著名人士举办茶会，称为“Master’s Tea”，本科学生都可参加，受邀的名人不乏美国和世界政治、商业、体育、娱乐、社会公益等领域的著名人物。——译者注

应该另寻出路，我真的很伤心。我只是希望，他能多给那些意图要遏止文学衰败的人一些鼓舞。

“遏止文学衰败”，玛丽娜的话里透着自嘲（要是她在茶会上当众大声说出这句话，带着意味深长的沉默，发出过于清晰的辅音，那就显得有些做作了），却又那么郑重其事。

几周之后，她选修了我的第一人称写作课。她的选课申请是这样写的：

三年前，我养成了一个写清单的习惯，开始时是记在一本纸质笔记本上，后来改成在文字处理软件上。我将这份清单叫作“趣事”。现在我已经对这个习惯上瘾了。上课时、在图书馆里、上床睡觉前、在火车上……一有机会我就往里面增添新内容。里面记录了很多有趣的事，如描写某个服务员的手部动作、某个出租车司机的眼睛、自己遇到的怪事，或描述某种事物的表达方式。我的人生，就书写在这每页32行的趣事里。

她大三那年的春季学期开始来听我的课，也开始在“趣事”里写一些散文文章，经过同学们的作品互评，赢得了很多令人肃然起敬的形容词：优美的、生动的、活泼的、形象的、新颖的、直接的、抒情的、强烈的、感动的、精准的、沉着的、真诚的、惊人的……（本书中有三篇文章是她在我课上的习作，有几篇是在耶鲁选修约翰·克罗利、凯茜·沙弗罗课上的习作，有几篇是发表在校内刊物上的，有三篇文章——《行李认领处》《硬化疗法》《杀生谋生》——是高三那年在白金汗布朗&尼可斯学校，师从哈里·托马斯和布莱恩·斯特维利时的习作。）

很多学生的文风就像是40多岁的中年人。他们文笔清晰，却往往夹杂着很多负累；他们急于跨过现在的年龄和经历，反而失去了本色。他们好像害怕去写当前的琐碎小事，所以就干脆跳过这一阶段，直接以成年人的眼光去书写周围的世界。但玛丽娜不一样，她21岁，她的文字也是21岁，21岁的伶俐头脑，21岁的文笔。她知道：年轻就应该是迷惘无常、充满幻想；年轻就应该是挫败、沮丧却永怀希望。每次在讨论课上听她朗读习作，大家都会不时哄笑，却立刻又感慨悲伤。

我经常会让学生们在他们习作的最终稿末尾处列出一份“个人缺陷清单”，亦即他们需要在以后的练习和写作中避免或改进的地方。下面是玛丽娜的：

> 连词[1]叠用太多！注意！
>
> 滥用首语重复法[2]。

[1] 连词叠用是指连续使用多个连词，如写成“甲和乙和丙”，而非“甲、乙和丙”。——译者注

[2] 首语重复法亦称句首重复法，指同一单词或短语出现在连续数个从句、数句或数行诗之首的修辞法。——译者注

少用奇怪的短语和介词。

小心使用并列结构。

想个好标题！别在快完稿时随便选一个！少用头韵[1]！

修改就得越改越好。

在阐述中心思想时，多用真实的事例。

在完稿前检查拼写时，要多注意同音异形异义词，如“it’s”和“its”等。

同一个句子里不要使用多个副词。

明喻[2]要用好，不能说“某某像勺子一样弯曲”。

用不常见的短语结束一个段落，效果不错。

注意lay和lie的过去式、过去分词形式，不要弄混。

犹豫不决是大忌！

注意时态一致。

不要连续使用两个介词。

不要太纠结。写好一个句子只需要一分钟而已！

精益求精！

作家往往会被其逝后出版的作品所笼罩，外人很难对其本人

[1] 头韵是指在一行诗或一组词中采用连续几个相同首字母或声韵的词。——译者注

[2] 明喻，是比喻修辞的一种，在强调两种事物的相似点的同时，本体、喻体、比喻词都出现，且能使语言生动形象。本体和喻体之间一般有喻词“似”“若”“像”“如同”“好比”等。——译者注

有所了解。悲伤之情、对逝者的尊重、千篇一律的恭维话，都令作者的形象变得泛泛而平淡。在我眼里，玛丽娜才华横溢、心地善良，理想主义，同时又急躁、暴躁、棱角分明。她有一点野性，有些孤行己见。用汽车来打比方的话，如果你想要的是稳稳当当的旅途，就千万别上她这辆车。记得我第一次跟她讨论某篇习作的时候，用了一个小时才仅仅讨论完开头的三句半。她回绝了我所有的建议和意见，因为她不愿把文章弄得像是我写的一样，她想保留自己的特点。在阅读课上，她总是对作者有与众不同的、固执的观点。大多数学生都喜欢露西·格里利[1]，但玛丽娜讨厌她；大多数学生都讨厌达芙妮·乔伊斯·梅纳德[2]，但玛丽娜喜欢她。除此之外，她既崇拜又嫉妒其他有才华的年轻作者。某节课上，我将两个学生的习作评为范文，她看过之后写道："啊！！！爱丽丝那篇散文写得太好了……艾丽莎写得也太好了！！！天啊。我太受打击了……"她经常找不到钥匙或手机，有时候东西就埋在她那个巨大的、敞口的、墨渍斑斑的手提包里——大家也许会想，像玛丽娜这样粗心大意的女孩子怎么不用个带拉链的包呢？可她就是这样，她的包也是这样，对外敞开心扉。她喜欢拖延，所以熬夜是常有的事；她总会被交稿时限、

[1] 露西·格里利（1963—2002），美国诗人，传记作家，代表作为*Autobiography of a Face*。——译者注

[2] 达芙妮·乔伊斯·梅纳德（1953— ），美国作家，代表作为*At Home in the World*。——译者注

种种繁文缛节、死板的政客、理论与现实的差距、室友切开面包后用刀子在瓶子里挖巧克力酱的习惯，以及自己好忘事的毛病所困扰，而这些往往表现在她邮件或短信末的一个“咳”字的感叹里。

在她大三升大四的那个暑假里，一切似乎都很顺利，所以她也少有机会发出这种感叹。她以前喜欢把《纽约客》杂志封面贴在卧室的墙上，现在她在《纽约客》杂志社的小说部门实习，在废稿堆里寻找遗珠，在其图书博客上发表文字。她的一部戏剧作品获选在某个大型戏剧节上台诵读，还有一部戏剧是在——用她自己的话说——“每天三小时（不准请假）的打卡上班时间里写成的”。

在这个暑假里，玛丽娜还抽空给朋友和老师们写信。我曾在一篇散文里提到大诗人柯勒律治[1]——一个典型的拖延症者——为自己的拖延寻找的借口，在读过这篇散文之后，玛丽娜给我写来一封电子邮件：

> 很抱歉这么晚给您写信！前段时间因为穿了太紧身的马裤而生病，更不消说还有牙疼、失眠、痛风、咳嗽、生疮、眼睛红肿、睾丸肿胀、写信恐惧症……[2]

[1] 柯勒律治（1772—1834），英国诗人和评论家，湖畔诗人之一。——译者注

[2] 此处列举的病症是玛丽娜夸张的玩笑。——译者注

信的结尾处写道：

> 总而言之，亲爱的教授，祝您一切安好。当然，诚惶诚恐地，还要祝我自己“二”切安好。
>
> 您宠爱的学生

（在随后的一封电子邮件里，她对上面那封信做了解释：“自从读过柯勒律治的那些信，我就迷上了他的风格，简直太棒了。比如说，那些破开整个句子的逗号，我喜欢这种停顿。柯勒律治！太感谢你了。”）

同时她也迫不及待地想要快点开学：

> 我渐渐意识到自己是多么爱耶鲁。睡觉前听着*The Future*，想到耶鲁，很久以来第一次有了淡淡的乡愁。我想听课程表上的每一节课，我想看遍校园里的每一栋建筑，我想跟朋友们一起度过在校的每一秒时光。

她说到做到。大四那一年，她火力全开：收获各种奖项；为哈罗德·布鲁姆教授担任助理研究员；参演了自己的两部戏剧，同时在创作第三部；组织“占领耶鲁”活动；每周四乘火车到纽约，到《巴黎评论》杂志社实习；准备毕业后到《纽约客》杂志社实习；一有空就写作；恋爱。她的一个早一年毕业的朋友在秘鲁当老师，他有一次问她能否将她的习作给他的学生展示一下，她的回答是：“一万个可以！”

玛丽娜以优异的成绩毕业了。毕业典礼过后五天，我收到一个学生写来的电子邮件：

安妮，很抱歉这么晚打扰你，但是我听到一个噩耗，你是否已经知道了？给我打电话。

玛丽娜跟男友一起与她的外婆吃了早午餐，然后男友开车载着她前往波士顿附近的科德角，准备到她家的避暑小屋去给她父亲过55岁生日。她的父母早已备下了龙虾，还有家里自制的、不含麦粉的草莓酥饼，因为玛丽娜患有麸质过敏症。她的男友既没有超速也没有酒驾，却在开车时睡着了。他们的汽车撞上了路旁的护栏，在公路上打了两个滚。玛丽娜死了，她的男友却安然无恙。

第二天，玛丽娜的父母将她的男友邀请到家里。他们拥抱并原谅了他，还给警察写信说不打算指控他车祸致人死命罪，因为那样的话“就会伤了玛丽娜的心，因为他已经够痛苦的了”。后来玛丽娜的父母陪着他去了法庭，控方撤诉了。

在玛丽娜的追悼会上，我从未见过如此多的年轻人哭泣。他们不仅仅是在哭泣，连身子都跟着哆嗦，我不禁害怕他们的身子会散了架。

一周之内，《孤独的反义词》——玛丽娜发表在《耶鲁日报》毕业季上的散文的阅读量就超过了100万人次。在文章中玛丽娜如此写道："我们还年轻，真的很年轻；我们刚满22岁，还有大把的时间。"

每当有一个年轻人去世的时候，悲痛之处往往在于其尚未体验、完成的事。但玛丽娜身后没有这样的遗憾，她已经收获了很多：她留下了大量作品，远远超过这本书的容量。在我与她的父母、朋友一起搜集整理她的作品，想从中找到这些小说和散文的定稿时，我们发现，现有的文稿尚不是她愿意发表的最终稿。她是一个精益求精的人，即使别人已经觉得差不多了，她还是要一遍又一遍地修改自己的作品。我们还知道，我们不能修改她的稿子，只有她本人才可以。话虽如此，每次重读这九篇小说和九篇散文，其字里行间都是她的影子，我不愿改动其中的哪怕一个词。

玛丽娜不会愿意因为自己去世了才被别人记住，她想让人记住她，因为她很优秀。

我曾见过太多的年轻作家放弃了写作，因为他们无法承受失败的连续打击。他们不缺才华，却缺少恒心和毅力。而玛丽娜三者兼具，这也是我相信她会成功的原因。

她有一次在晚上给我写来邮件，说到了耶鲁的种种秘密社团（或称高级联谊会），如“骷髅会”“卷轴与钥匙会”“书蛇会”等，说他们是如何在被称作“坟墓”——即学校里没有窗户的建筑——里选择新成员的事。她说自己从未入选。“我也有秘密社团，那就是WaO。”［“WaO”是我们写作课的首字母缩写词，亦即“书写自己”（Writing about Ourself）。她还开玩笑说，下一年他们的秘密社团就该叫“DaO”——“独醉”（Dringking about Outself）了。］

我在秘密社团这件事上两手空空，所以我决定每周用12个小时来写一部小说。今晚就开始。要是我愿意用这些时间在“坟墓”里跟人聊天的话，我一定也愿意将其用在写作上！每周四和周日的晚上6点到12点，就是我自己的社团，我把它叫作“书与书”。

她的沮丧持续了不到两个小时，接着就重振精神向前看了。话说回来，当初要是她被“书蛇会”选中，也就不会有今天这本书了。

玛丽娜去世以后，她的父亲跟我说起她14岁时参加的一次赛艇比赛。比赛在科德角外的维尔福利特海湾举行，比赛用艇是被称作“雷瑟斯”的一种14英尺[1]长单人小艇。未成年组（15岁以

[1] 约4.3米。——编者注

下）跟成年组同时开始比赛。玛丽娜原以为当天会是风平浪静，她觉得自己能打败所有竞争者，包括成人选手。因为她驾艇技术好，体重也不到100磅——体重会影响赛艇的速度，就像骑手的体重会影响赛马的成绩一样。

可当天的天气很糟，风速达到了40节，浪高30英尺[1]。比赛还未开始，未成年组的比赛就被取消了，一同退出比赛的还有成年组的女选手，但玛丽娜留下了。

在这样的天气里，体重轻反而变成了劣势。更何况船是逆风而行，想保持船身的稳定简直是不可能的事。玛丽娜翻船的次数，她的父母都数不过来。她的小艇一次次侧翻，她一次次被甩进水里。她一次次游回船首，爬到中插板上，一边站稳，一边抓住船缘，身子后倾，奋力将76平方英尺[2]大的湿帆从海水里“撬”出来，再爬进艇内，调整船帆，而海风仍在呼啸，海浪迎面扑来……

玛丽娜原先的目标是获胜，现在她只想完成比赛。有几个成年男选手相继退出，她还在坚持。在天气晴好的时候，这种比赛的时长大概是15分钟。那天，她用了近1个小时的时间。她的成绩是倒数第二名，却赢得了观众的掌声，因为他们无法相信一个小女孩竟然可以完成比赛。当时她已经浑身湿透，头发也湿漉漉地滴着水，双手都被绳子勒出了血。

---

[1] 约9米。——编者注

[2] 约7平方米。——编者注

在被告知“当今想成为作家是痴人说梦”的那一天，院长茶会结束了几个小时之后，她去参加耶鲁的一个口头诗社。她迟到了，一个朋友回忆说，当时她的脸红通通的，眼神像潮湿而坚硬的石头一样冷静、坚定。

“我要成为一个作家，”她如此说道，“一个真正的作家，一辈子都当作家。”

安妮·法迪曼

2013年11月12日

致谢

安妮·法迪曼教授是玛丽娜在耶鲁的导师和朋友，若没有她的帮助，《孤独的反义词》一书是不可能面世的。为使我们与广大读者分享玛丽娜作品的梦想成真，她不辞辛苦，投入了非常多的时间和精力。她的慷慨和才华一样令人赞叹，我们对她的感激无以言表。

在白金汗布朗&尼可斯学校上学时，玛丽娜师从贝丝·麦克纳马拉老师。她是一个优秀的英语教师，玛丽娜与她志趣相投。玛丽娜能走上作家这条路，离不开麦克纳马拉老师的指导和鼓励。她始终给我们支持，并在本书的编辑过程中提供了专业性的帮助，我们珍惜与麦克纳马拉老师的这份情谊。

我们要向本书的文稿代理人莱恩·扎卡里、托德·舒斯特表示感谢，他们为本书找到了最好的出版社。此外，我们要向斯克里布纳出版社出色的出版团队表示感谢，他们是：南·格拉哈姆、香农·韦尔奇、约翰·格林、凯特·劳埃德、罗兹·利贝尔、凯特琳·多伦温德、卡拉·沃森、丹·卡迪、塔尔·格尔斯凯。玛丽娜若是活着，一定会感到分外荣幸。

本书的文稿收集、整理、归类工作，大部分是由薇薇安·伊完成的。她是玛丽娜在耶鲁时的英语专业的同学。我们对她长时间的辛苦工作和奉献表示由衷感谢。

玛丽娜的好友克洛伊·萨比布、卢克·瓦格斯、李叶娜一直陪在我们身边，给我们安慰，在本书出版的过程中帮我们出谋划策。

在与耶鲁的诸多同学、教授和职员接触过之后，我们立刻就理解了玛丽娜在最后一篇散文中所提到的身在耶鲁所感受到的热情和鼓舞。我们感谢耶鲁，尤其要感谢的是：哈罗德·布鲁姆、约翰·克劳利、保罗·赫达克、艾米·亨格福德、黛博拉·马格林、唐纳德·马奎里斯、保罗·麦金利、玛丽·米勒、凯瑟琳·尼克尔森、凯茜·沙弗洛、莱斯利·伍达德。

玛丽娜的书能够面世，还要感谢以下诸位的帮助，他们是：威尔·亚当斯、曼路德·贝克尔、黛比·比斯诺、迈克尔·布鲁姆、卢克·布拉德福德、约瑟夫·布林、亚历山德拉·布罗茨基、亚历克斯·卡朗、温迪·库克和比尔·库克夫妇、卡莉·库克、加布里埃尔·巴西亚·杜兰、奥利维亚·弗拉盖尔、斯蒂芬·费根鲍姆、雅克·费尔德曼、科里·芬利、莱利·斯克利普斯·福特、亚当·弗里德曼、迈克尔·考克斯克、亨利·戈特弗里德、约什·格罗斯曼、史蒂夫·格罗斯曼、杰克·希特、蕾切尔·亨特、卡姆·基迪、杜克·基根和凯茜基根夫妇、汤姆•基根和劳瑞•基根夫妇、迈克尔•基根和卢迪•基根夫妇、雪莉•基根、比阿特丝丽•凯尔西-瓦特、扎拉•凯斯勒、朱丽叶•莱姆利、丹•隆巴尔多、凯特•隆德、理查德•麦伦、大卫•莫吉尔纳、劳伦•莫茨金、尼克•墨菲、约翰-迈克尔•派克、查理•勃林格、迈克尔•罗斯、雷切尔•罗斯金、凯特•赛尔克、朱莉•沙因、拉斐尔•夏皮罗、戴安娜•舒尔曼、薇薇安•舒尔曼、马克•桑恩布兰科、本•斯坦格、凯茜•斯塔切和杰夫•斯塔切夫妇、吉姆•斯通、埃里克•施瓦茨、布兰登•特纳斯、杰西•特里、格利特•瑟斯顿、萨利•瓦格斯、西格利特•冯文德尔、梅根•韦勒、本•韦克斯勒、约瑟夫•维内特、雅埃尔•琴科、朱莉•朱。若由于疏忽未列出您的名字，我们深表歉意，玛丽娜对您给她的帮助是不会忘却的。

除了她深爱的耶鲁之外，玛丽娜还在另外两个地方体会到了“孤独的反义词”的感觉：一是白金汗布朗&尼可斯学校；二是科德角海洋夏令营，亦即她童年时度过暑假的地方。

借此机会，我们还为玛丽娜的两个兄弟心感自豪。特雷夫和皮尔斯，你们与玛丽娜共度了一个充满欢乐和冒险的童年，玛丽娜对你们有着深深的赞美和爱。

最后，我们要向所有为本书提供帮助的家人和朋友表示感谢。能有你们的陪伴，我们深感欣慰，感谢你们能陪在我们身边。

特蕾茜 · 基根，凯文 · 基根